U0348547

国务院专题部署

国务院办公厅文件

国办发〔2014〕26 号

国务院办公厅关于进一步
加强林业有害生物防治工作的意见

各省、自治区、直辖市人民政府，国务院各部委、各直属机构：

近年来，我国林业有害生物灾害多发频发，对林业健康可持续发展和生态文明建设等构成严重威胁。为进一步加强林业有害生物防治工作，经国务院同意，现提出以下意见：

一、总体要求

（一）指导思想。以邓小平理论、"三个代表"重要思想、科学发展观为指导，认真学习领会党的十八大和十八届二中、三中全会精神，贯彻落实党中央、国务院的决策部署，以减轻林业有害生物灾害损失、促进现代林业发展为目标，政府主导、部门协

国务院办公厅发电

发往 见报头

等级 平急　　　国办发明电〔2002〕5 号　　　中机发 3556

已送国务院总理、副总理、国务委员、秘书长、副秘书长、中央办公厅⑦、国务院办公厅⑦、外交部、国家计委、国家经贸委、教育部、科技部、公安部、监察部、财政部、人事部、建设部、铁道部、交通部、水利部、农业部、外经贸部、海关总署、税务总局、工商总局、质检总局、环保总局、民航总局、林业局、旅游局、邮政局、存档①。

(57 份)

国务院办公厅关于进一步加强
松材线虫病预防和除治工作的通知

各省、自治区、直辖市人民政府，国务院有关部门：

松材线虫是重要的检疫性有害生物，松材线虫病是世界上最具危险性的森林病害。寄主植物感染松材线虫病后40 天即可死亡。松材线虫病已对我国森林资源造成了严重破坏，使我国一些地区的生态环境、外贸出口和经济社会发

中央办公厅机要局　　　　　　　　2002 年 4 月 12 日 13 时 41 分发出

—101—

国务院办公厅发电

等级 平急　　　国办发明电〔2006〕6 号　　　中机发 1831 号

国务院办公厅关于进一步加强
美国白蛾防治工作的通知

各省、自治区、直辖市人民政府，国务院有关部门：

美国白蛾是一种严重危害林木的食叶性害虫，被列为世界性检疫对象。具有喜食行道树、适生能力强、传播蔓延快以及疫情暴发危害大的特点。上世纪八十年代初，该虫曾在我国局部地方暴发成灾，不仅严重危害了森林资源和生态景观，还严重影响到群众的生产生活，教训深刻。近一个时期以来，美国白蛾在北京及周边地区又能有新的危害苗头，新疫点不断出现，发生面积明显反弹，危害程度不断加剧，呈现出扩散加快、点多面广、虫口基数增大的发展态势。据北京市监测，美国白蛾疫情已由 2004 年 5 个区县的 90 个村（点）扩散到目前 9 个区县的 933 个村

中央办公厅机要局　　　　　　　　2006 年 3 月 6 日 21:22 发出

—167—

2

国家林业局深入贯彻

2014年11月22日，国家林业局在长沙召开全国重大林业有害生物防治现场会，专题部署《国务院办公厅关于进一步加强林业有害生物防治工作的意见》（以下简称《意见》）贯彻落实工作

2014年11月22日，国家林业局局长、党组书记赵树丛在全国重大林业有害生物防治现场会期间现场考察松材线虫病防治工作

2014年7月15日，国家林业局局长、党组书记赵树丛，副局长张建龙陪同中央机构编制委员会办公室主任张纪南检查指导林业植物检疫网上审批工作

2014年12月2日，国家林业局与国家质量监督检验检疫总局联合签订《关于促进生态林业民生林业发展合作备忘录》，重点加强外来林业有害生物防控工作。国家林业局局长、党组书记赵树丛，国家质检总局局长、党组书记支树平出席签订仪式

2014年6月6日，国家林业局副局长张永利在河北省调研《意见》贯彻落实工作。图为张永利副局长与基层同志实地研究油松枯梢病灾害防治措施

2015年2月10日，国家林业局在北京组织京津冀三省（市）签订《京津冀协同发展林业有害生物防治框架协议》，并部署京津冀地区林业有害生物防治工作。国家林业局副局长张永利出席签订仪式

国家林业局专题宣贯

2014年11月4日，国家林业局在局机关大礼堂举办绿色大讲堂——林业有害生物防治专题讲座活动

2014年11月4日，国家林业局在局机关主楼一楼举办《意见》宣贯专题展板展出活动

地方政府全面落实

截止到 2015 年 7 月 1 日，全国已有 24 个省（自治区、直辖市）印发了《意见》的实施文件，其他省份正在研究制订中……

天津市印发《天津市人民政府办公厅转发市农委关于进一步加强我市林业有害生物防治工作实施意见的通知》

河北省印发《河北省人民政府办公厅关于切实加强林业有害生物防治工作的通知》

山西省印发《山西省人民政府办公厅关于进一步加强林业有害生物防治工作的实施意见》

内蒙古自治区印发《内蒙古自治区人民政府办公厅转发国务院办公厅关于进一步加强林业有害生物防治工作意见的通知》

辽宁省印发《辽宁省人民政府办公厅关于进一步加强林业有害生物防治工作的实施意见》

吉林省印发《吉林省人民政府办公厅关于进一步加强林业有害生物防治工作的实施意见》

江苏省印发《省政府办公厅关于进一步加强林业有害生物防控工作的实施意见》

浙江省印发《浙江省人民政府办公厅关于加强林业有害生物防治工作的意见》

安徽省印发《安徽省人民政府办公厅关于进一步加强林业有害生物防治工作的实施意见》

福建省印发《福建省人民政府办公厅关于进一步加强林业有害生物防治工作的实施意见》

江西省印发《江西省人民政府办公厅关于进一步加强林业有害生物防治工作的实施意见》

山东省印发《山东省人民政府办公厅关于贯彻国办发〔2014〕26号文件进一步加强林业有害生物防治工作的意见》

河南省印发《河南省人民政府办公厅关于进一步加强林业有害生物防治工作的意见》

湖北省印发《省人民政府办公厅关于进一步加强林业有害生物防治工作的实施意见》

重庆市印发《重庆市人民政府办公厅关于进一步加强林业有害生物防治工作的实施意见》

四川省印发《四川省人民政府办公厅关于进一步加强林业有害生物防治工作的实施意见》

贵州省印发《省人民政府办公厅关于进一步加强林业有害生物防治工作的实施意见》

云南省印发《云南省人民政府办公厅关于进一步加强林业有害生物防治工作的实施意见》

西藏自治区印发《西藏自治区人民政府办公厅贯彻国务院办公厅关于进一步加强林业有害生物防治工作意见的实施意见》

陕西省印发《陕西省人民政府办公厅关于加强林业有害生物防治工作的实施意见》》

甘肃省印发《甘肃省人民政府办公厅关于进一步加强林业有害生物防治工作的实施意见》

青海省印发《青海省人民政府办公厅关于进一步加强林业有害生物防治工作的实施意见》

宁夏回族自治区印发《自治区人民政府办公厅关于进一步做好林业有害生物防治工作的通知》

新疆维吾尔自治区印发《关于进一步加强林业有害生物防控工作的实施意见》

《国务院办公厅关于进一步加强林业有害生物防治工作的意见》

宣 贯 读 本

国家林业局造林绿化管理司　编

中国林业出版社

图书在版编目（CIP）数据

《国务院办公厅关于进一步加强林业有害生物防治工作的意见》宣贯读本
/ 国家林业局造林绿化管理司编 . -- 北京：中国林业出版社，2015.7
ISBN 978-7-5038-8074-2

Ⅰ．①国… Ⅱ．①国… Ⅲ．①森林植物 – 病虫害防治 – 中国 – 学习参考
资料 Ⅳ．① S763

中国版本图书馆 CIP 数据核字 (2015) 第 168780 号

责任编辑：于界芬

出　版　中国林业出版社（100009 北京西城区德内大街刘海胡同 7 号）
网　址　lycb.forestry.gov.cn
电　话　(010) 83143542
发　行　中国林业出版社
印　刷　北京中科印刷有限公司
版　次　2015 年 7 月第 1 版
印　次　2015 年 7 月第 1 次
开　本　787mm×1092mm　1/16
字　数　109 千字
印　张　5.5　彩插 52 面
定　价　58.00 元

前　言

　　2014年5月28日，国务院印发了《国务院办公厅关于进一步加强林业有害生物防治工作的意见》（国办发〔2014〕26号，以下简称《意见》）。《意见》首次从国家层面对林业有害生物防治工作做出重大决策部署，是当前和今后一个时期科学指导我国林业有害生物防治工作的纲领性文件。《意见》的出台充分体现了党中央、国务院对林业特别是林业有害生物防治工作的高度重视，标志着我国林业有害生物防治工作步入新阶段，彰显了林业有害生物防治工作在促进生态文明建设中的重要地位，对有效解决长期制约林业有害生物防治工作科学发展的体制机制等问题，扭转林业有害生物灾害多发频发态势将发挥巨大的推动作用。

　　国家林业局党组高度重视《意见》的贯彻落实，相继印发了贯彻《意见》的通知、局相关司局的分工落实方案、防治目标责任书考核办法，组织开展了防治目标责任检查考核，召开了防治工作现场会，在《中国绿色时报》刊发了局领导专访、专版解读，举办了绿色大讲堂专题讲座，组织了专题展板宣传活动、专题培训等一系列宣传贯彻工作。

　　为更好地指导广大林业职工特别是领导干部学习领会《意

见》精神、准确把握《意见》内涵，全面做好《意见》的贯彻落实工作，我们组织编印了《〈国务院办公厅关于进一步加强林业有害生物防治工作的意见〉宣贯读本》一书。本书主要收录了《意见》全文、国家林业局自 2014 年 5 月至目前印发的重要贯彻落实文件、专题宣贯文稿等。本书是国家林业局贯彻落实工作的阶段性成果，也是当前和今后一个时期各地贯彻落实《意见》的重要参考。

在编印本书的过程中，得到了国务院办公厅秘书二局有关领导的悉心指导，得到了国家林业局办公室、政法司、资源司、保护司、林改司、公安局、计财司、科技司、国际司、人事司、信息办、场圃总站、工作总站、宣传办、中国绿色时报社、中国林业出版社、森防总站等司局和直属单位的大力支持和协助。在此一并表示感谢。

编　者
2015 年 3 月

目　录

前　言

文　件　汇　编

5

媒 体 宣 传

专 题 宣 贯

后　记

文 件 汇 编

国务院办公厅关于进一步
加强林业有害生物防治工作的意见

国办发〔2014〕26号

各省、自治区、直辖市人民政府，国务院各部委、各直属机构：

近年来，我国林业有害生物灾害多发频发，对林业健康可持续发展和生态文明建设等构成严重威胁。为进一步加强林业有害生物防治工作，经国务院同意，现提出以下意见：

一、总体要求

（一）**指导思想。**以邓小平理论、"三个代表"重要思想、科学发展观为指导，认真学习领会党的十八大和十八届二中、三中全会精神，贯彻落实党中央、国务院的决策部署，以减轻林业有害生物灾害损失、促进现代林业发展为目标，政府主导，部门协作，社会参与，加强能力建设，健全管理体系，完善政策法规，突出科学防治，提高公众防范意识，为实现绿色增长和建设美丽中国提供重要保障。

（二）**工作目标。**到2020年，林业有害生物监测预警、检疫御灾、防治减灾体系全面建成，防治检疫队伍建设得到全面加强，生物入侵防范能力得到显著提升，林业有害生物危害得到有效控制，主要林业有害生物成灾率控制在4‰以下，无公害防治率达到85%以上，测报准确率达到90%以上，种苗产地检疫率达到100%。

二、主要任务

（三）**强化灾害预防措施。**林业主管部门要加强对林业有害生物防治的技术指导、生产服务和监督管理，组织编制林业有害生物防治发展规划。完善监测预警机制，科学布局监测站（点），不断拓展监测网络平台，每 5 年组织开展一次普查。重点加强对自然保护区、重点生态区有害生物的监测预警、灾情评估。切实提高灾害监测和预测预报准确性，及时发布预报预警信息，科学确定林业检疫性和危害性有害生物名单，实行国家和地方分级管理。强化抗性种苗培育、森林经营、生物调控等治本措施的运用，并优先安排有害生物危害林木采伐指标和更新改造任务。切实加强有害生物传播扩散源头管理，抓好产地检疫和监管，重点做好种苗产地检疫，推进应施检疫的林业植物及其产品全过程追溯监管平台建设。进一步优化检疫审批程序，强化事中和事后监管，严格风险评估、产地检疫、隔离除害、种植地监管等制度，注重发挥市场机制和行业协会的作用，促进林业经营者自律和规范经营。

（四）**提高应急防治能力**。各地区要结合防治工作实际，进一步完善突发林业有害生物灾害应急预案，加快建立科学高效的应急工作机制，制订严密规范的应急防治流程。充分利用物联网、卫星导航定位等信息化手段，建设应急防治指挥系统，组建专群结合的应急防治队伍，加强必要的应急防治设备、药剂储备。定期开展防治技能培训和应急演练，提高应急响应和处置能力。加大低毒低残留农药防治、生物农药防治等无公害防治技术以及航空作业防治、地面远程施药等先进技术手段的推广运用，提升有害生物灾害应急处置水平。

（五）**推进社会化防治**。从事森林、林木经营的单位和个人要积极开展有害生物防治。各地区、各有关部门要进一步加快职能转变，创新防治体制机制，通过政策引导、部门组织、市场拉动等途径，扶持和发展多形式、多层次、跨行业的社会化防治组织。鼓励林区农民建立防治互助联合体，支持开展专业化统防统治和区域化防治，引导实施无公害防治。开展政府向社会化防治组织购买疫情除治、监测调查等服务的试点工作。做好对社会化防治的指导，积极提供优质的技术服务和积极的政策支持。加强对社会化防治组织和从业人员的管理与培训，完善防治作业设计、防治质量与成效的评定方法与标准。支持防治行业协会、中介机构的发展，充分发挥其技术咨询、信息服务、行业自律的作用。

三、保障措施

（六）**拓宽资金投入渠道**。地方人民政府要将林业有害生物普查、监测预报、植物检疫、疫情除治和防治基础设施建设等资金纳入财政预算，加大资金投入。中央财政要继续加大支持力度，重点支持松材线虫病、美国白蛾等重大林业有害生物以及林业鼠（兔）害、有害植物防治。有关部门要严格防治资金管理，强化资金绩效评价，确保防治效益和资金安全。积极引导林木所有者和经营者投资投劳开展防治。进一步推进森林保险工作，提高防范、控制和分散风险的能力。风景名胜区、森林公园等的经营者要根据国家有关规定，从经营收入中提取一定比例的资金用于林业有害生物防治。

（七）**落实相关扶持政策**。进一步落实相关扶持政策，将林业有害生物灾害防治纳入国家防灾减灾体系，将防治需要的相关机具列入农机补贴范围。支持通用航空企业拓展航空防治作业，在全国范围内合理布局航空汽油储运供应点。按照国家有关规定落实防治作业人员接触有毒有害物质的岗位津贴和相关福利待遇。探索建立政府购买防治服务机制，支持符合条件的社会化防治组织和个人申请林业贴息贷款、小额担保贷款，落实相关税收支持政策，引导各类社会主体参与防治工作。

（八）**完善防治法规制度**。研究完善林业有害生物防治、植物检疫方面的法律法规，制定和完善符合国际惯例和国内实际的防治作业设计、限期除治、防治成效检查考核等管理办法。抓紧制（修）订防治检疫技术、林用农药使用、防治装备等标准。各地区要积极推动地方防治检疫条例、办法的制（修）订，研究完善具体管理办法。各地区、各有关部门要依法履行防治工作职能，加大执法力度，依法打击和惩处违法违规行为。国务院林业主管部门要制定和完善检查考核办法，对防治工作中成绩显著的单位和个人，按照国家有关规定给予表彰和奖励；对工作不到位造成重大经济和生态损失的，依法追究相关人员责任。

（九）**增强科技支撑能力**。国家和地方相关科技计划（基金、专项），要加大对林业有害生物防治领域科学研究的支持力度，重点支持成灾机理、抗性树种培育、营造林控制技术、生态修复技术、外来有害生物入侵防控技术、快速检验检测技术、空中和地面相结合的立体监测技术等基础性、前沿性和实用性技术研究。注重低毒低残留农药、生物农药、高效防治器械及其运用技术的开发和研究。加快以企业为主体、产学研协同开展防治技术创新和推广工作，大力开展防治减灾教育宣传和科普工作。加强与有关国家、国际组织的交流合作，密切跟踪发展趋势，学习借鉴国际先进技术和管理经验。

（十）**加强人才队伍建设**。各地区要根据本地林业有害生物防治工作需要，加强防治检疫组织建设，合理配备人员力量，特别是要加强防治专业技术人员的配备。加强防治队伍的业务和作风建设，强化培训教育，提高人员素质、业务水平和依法行政能力。支持高等学校、中职学校、科研院所的森林保护、植物保护等相关专业学科建设，积极引进和培养高层次、高素质的专业人才。

四、加强组织领导

（十一）**全面落实防治责任**。林业有害生物防治实行"谁经营、谁防治"的责任制度，林业经营主体要做好其所属或经营森林、林木的有害生物预防和治理工作。地方各级人民政府要加强组织领导，充分调动各方面积极性，将防治基础设施建设纳入林业和生态建设发展总体规划，重点加强航空和地面防治设施设备、区域性应急防控指挥系统、基层监测站（点）等建设。进一步健全重大林业有害生物防治目标责任制，将林业有害生物成灾率、重大林业有害生物防治目标完成情况列入政府考核评价指标体系。在发生暴发性或危险性林业有害生物危害时，实行地方人民政府行政领导负责制，根据实际需要建立健全临时指挥机构，制定紧急除治措施，协调解决重大问题。

（十二）**加强部门协作配合。**各有关部门要切实加强沟通协作，各负其责、依法履职。农业、林业、水利、住房城乡建设、环保等部门要加强所辖领域的林业有害生物防治工作。交通运输部门要加强对运输、邮寄林业植物及其产品的管理，对未依法取得植物检疫证书的，应禁止运输、邮寄。民航部门要加强对从事航空防治作业企业的资质管理，规范市场秩序、确保作业安全。工业和信息化、住房城乡建设等有关部门要把好涉木产品采购关，要求供货商依法提供植物检疫证书。出入境检验检疫部门要加强和完善外来有害生物防控体系建设，强化境外重大植物疫情风险管理，严防外来有害生物传入。农业、质检、林业、环保部门要按照职责分工和"谁审批、谁负责"的原则，严格植物检疫审批和监管工作，建立疫情信息沟通机制，协同做好《国际植物保护公约》、《生物多样性公约》履约工作。

（十三）**健全联防联治机制。**相邻省（自治区、直辖市）间要加强协作配合，建立林业有害生物联防联治机制，健全值班值守、疫情信息通报和定期会商制度，并严格按照国家统一的技术要求联合开展防治作业和检查验收工作。根据有关规定，进一步加强疫区和疫木管理，做好疫区认定、划定、发布和撤销工作，及时根除疫情。国务院林业主管部门要加强对跨省（自治区、直辖市）林业有害生物联防联治的组织协调，确保工作成效。

中华人民共和国国务院办公厅

2014 年 5 月 26 日

在全国重大林业有害生物防治现场会上的讲话

国家林业局局长、党组书记 赵树丛

（2014 年 11 月 21 日）

同志们：

　　这次会议的主要任务是：深入贯彻落实中央领导同志重要批示指示精神和《国务院办公厅关于进一步加强林业有害生物防治工作的意见》，通报过去 3 年松材线虫病等重大林业有害生物防控目标责任书检查考核情况，研究部署下一步林业有害生物防治工作，加快推进林业治理体系和治理能力现代化，更好地推动生态林业民生林业发展。

　　党中央、国务院高度重视林业和林业有害生物防治工作。习近平总书记就生态文明建设和林业改革发展提出了一系列重大战略思想。其中，明确要求全面深化林业改革，创新林业治理体系，充分调动各方面造林、育林、护林的积极性，稳步扩大森林面积，提升森林质量，增强森林生态功能，为建设美丽中国创造更好的生态条件。李克强总理批示要求，要不断提升森林资源总量和质量，为建设生态文明和美丽中国作出新的贡献。汪洋副总理批示要求，要高度重视生物灾害的预防和控制工作。今年 5 月，国务院办公厅专门下发了《关于进一步加强林业有害生物防治工作的意见》，对林业有害生物防治工作进行全面部署。这些重要批示指示和文件精神，为发展生态林业民生林业，尤其是加强林业有害生物防治提供了基本遵循，各地要认真学习贯彻落实。

　　按照习近平总书记牢固树立底线思维的要求，林业工作要重点抓好三个方面的工作，确保不出现大的问题：一是森林防火。森林火灾是显性的,容易受到各方面的重视。二是林地资源保护。今年11月5号,国家林业局专门召开了电视电话会议,各地要认真贯彻落实,保护好林地资源,防止林地流失。三是林业有害生物防治。林业有害生物实际损失超过森林火灾,并具有持续性、开放性、公共性等特点。林业有害生物一旦发生,就可能造成长期的危害,这是它的持续性;当今世界全球化程度越来越深,林业有害生物跨境传播时有发生,外来有害生物入侵已对我国生态安全构成严重威胁,这是它的开放性;林业有害生物防治,既是社会管理的重要组成部分,又是公共服务的重要组成部门,关乎到生态文明建设大局,关乎到生态林业民生林业发展,关乎到我国对外开放水平,关乎到政府的基本职能和职责,这是它的公共性。因此,党中央、国务院和中央领导同志对林业有害生物防治工作高度重视,国务院办公厅多次下发文件进行安排部署,就是要在这方面更好地发挥政府的作用。

今天上午,我们参观了湖南省岳麓山松材线虫病除治现场和林科院天敌繁育中心,观看无人机监测林业有害生物现场演示,亲身感受了湖南省在省委、省政府领导下,高举生态文明大旗,紧密结合湖南实际,扎实推进生态林业民生林业建设,各方面取得的明显成效。刚才张硕辅副省长作了很好的讲话,5个单位作了典型发言。大家讲的都很好,听了很受启发,很有收获,希望各地认真学习借鉴。下面,我讲几点意见:

一、认真总结防治成效和经验,进一步坚定加强林业有害生物防治的信心和决心

林业有害生物是"不冒烟的火灾",对森林资源安全和经济社会发展构成严重威胁。为进一步落实防治责任,加强重大林业有害生物防控,2011年,受国务院委托,我局与各省级人民政府签订了2011～2013年防控目标责任书。前不久,经国务院批准,我局对防治目标任务落实情况进行了检查考核,刚才王祝雄同志通报了考

核结果。总的看,过去3年全国林业有害生物防治取得了阶段性成效。松材线虫病有36个县级疫区彻底根除疫情,42个县级疫区今年未发现病死树,全国发生面积、病死树数量较2010年分别下降28%和30%。美国白蛾成灾面积比2010年下降14.3%,主要风景区、交通要道、城镇乡村周边等重点区域林木叶片保存率持续保持在90%以上。林业鼠兔害发生趋势总体平稳,薇甘菊传播扩散势头减缓,成灾面积下降27%。这样的防治成效来之不易,主要得益于各地高度重视,认真履职,全面加强各项防治工作。

一是政府责任逐步落实。29个省成立了由省政府分管领导任指挥长、有关部门参加的重大林业有害生物防治领导机构。25个省建立了政府间和林业部门间"双线"责任制,层层签订责任书。湖南、新疆等地将防治目标管理指标纳入政府考核体系,北京、山东等地对防治工作开展专项督查。地方政府防治资金明显增加,2013年省级投入比2010年增加37%。北京、辽宁、吉林、上海、江苏、浙江、江西、山东、河南、湖南、广东、重庆、四川、陕西、新疆等15省(自治区、直辖市)省级财政投入超过1000万元,其中新疆和北京近5000万元。

二是依法防治进程加快。各地积极修订有害生物防治检疫条例、应急预案、工作制度和技术标准。3年来,共成功处置22起重大突发灾害事件,制修订各级标准60多项。取消下放近2/3的防治检疫审批事项,林业植物检疫网络审批服务平台投入使用,审批效率和透明度明显提高。"绿剑"、"绿盾"等专项检疫执法行动有力打击了检疫违法违规行为。

三是防治能力明显提升。全面落实《全国林业有害生物防治建设规划》,加强基础设施建设,拓展监测预警平台,强化预报预警和疫情源头监控,完善检疫追责制度,推广运用航空监测、无公害防治、飞机防治等新技术,监测预警和防治能力不断提升。全国年均发布生产性预报预警信息6000多份,每年挽回损失近80亿元,无公害防治率、测报准确率比2010年分别提高7个和3个百分点。

四是防治机制不断创新。通过推进区域联防联治,增强了防治工作协同性和有效性。发改、财政、交通、农业、质检、民航、邮政等部门积极参与省级防治领导指挥机构，部门协作更加紧密。特别是与质检总局建立的协同防范机制，有效降低了外来林业有害生物入侵风险。各地通过政府购买服务，发挥市场作用，培育了一大批社会化防治组织，防治作业市场化程度逐步提高，广东省社会化防治组织承担了80%以上的防治任务。新疆政府在资金、设备方面大力支持经济林有害生物社会化防治组织，较好地解决了全区经济林有害生物防治难的问题。

实践表明，只要责任落实、组织有效、措施科学，林业有害生物完全是可防可控的。各地要认真总结并不断发扬已经取得的这些宝贵经验，进一步坚定信心，切实加强林业有害生物防治工作，不断提高林业治理能力和水平，有效维护国家森林资源安全。

二、充分认识面临的严峻形势，切实增强做好林业有害生物防治工作的责任感和紧迫感

林业有害生物防治工作虽然取得了一定成效，但是面临的形势依然十分严峻，特别是松材线虫病等重大林业有害生物防治仍然任重道远。林业有害生物始终是巩固生态林业民生林业发展成果的重大制约因素，严重影响改善生态、改善民生战略目标的实现。

第一，我国林业有害生物种类繁多，极易暴发成灾。我国现有林业有害生物8000余种，广泛分布在森林、湿地、荒漠三大生态系统中，只要条件具备就有可能暴发成灾。许多学者认为，全球气候变暖不仅改变了有害生物发育期，也改变了有害生物分布区和暴发频率，还有可能改变有害生物与天敌的关系，有的无害生物甚至可能变为有害生物并大面积发生。据统计，近十几年来，春尺蠖、杨树舟蛾、黄脊竹蝗等10多种本土有害生物在我国部分地区相继暴发成灾，已经变成主要害虫。2013年，我国本土林业有害生物发生面积较2000年增加了1000多万亩。

第二，外来有害生物传入风险加剧，传播扩散速度提升。伴随

着改革开放的逐步深入，我国国际贸易不断增多，物流活动更加频繁，外来有害生物入侵也呈加剧之势。据国家质检部门统计，1985年口岸截获的外来入侵生物500多批次，2000年上升到2000多批次，而2013年就急剧上升到61万批次。上世纪的100年间，入侵我国并造成严重危害的外来林业有害生物25种，2000年以后入侵的达13种，平均一年一种。预计到2015年，我国将成为世界第一大旅游目的地和第四大客源地，今后5年我国将进口10万亿美元商品，外来有害生物入侵的风险进一步加大。

第三，林业有害生物危害加重，造成的损失巨大。近年来，松树蛀干害虫在西南、鼠兔害在西北、杨树食叶害虫在黄淮海、薇甘菊在华南、栗山天牛在东北局部地区相继暴发成灾。全国发生面积由2000年的约1.2亿亩上升到2013年的1.8亿亩，经济和生态损失由880亿元上升到1100亿元。仅松材线虫病已累计致死松树5000多万株，严重威胁三峡库区以及黄山、庐山等风景名胜区生态安全。同时，近年来林业有害生物扰民、伤人事件屡有发生，已经影响到人民群众生产生活甚至威胁到健康和生命。2013年，胡蜂在陕西导致196人受伤，44人死亡。在我国林业资源不断增加的情况下，林业有害生物危害风险也将进一步加大。

第四，我国森林健康状况欠佳，生物灾害正在高发频发。我国林业正处于快速发展的过程中。森林覆盖率已从新中国成立初期的8.6%上升到21.63%。但是，大多是中幼林、人工林，且纯林居多。我国质量好的森林仅占19%，生态功能好的森林仅占13%，处于亚健康和不健康等级的乔木林面积占25%。同时，中幼林比例高达65%，纯林面积高达61%。受经济发展、森林健康状况、检疫水平等条件限制，以及防治工作滞后的影响，林业有害生物灾害极易发生。尤其是我国森林健康状况在短期内难以根本扭转，抵御病虫害的能力薄弱，生物灾害容易多发高发频发，有害生物防治任务十分艰巨。

第五，防范有害生物入侵已经成为设置贸易壁垒的重要理由，事关国家对外贸易安全。近年来，一些国家为限制我国产品出口，以防范林业有害生物入侵为由，对木质包装材料和运输工具等采取十分苛刻的检疫措施，设置贸易壁垒，甚至拒绝进口我国的木制品、苗木等，以此遏制我国经济发展。北美、欧盟、韩国等针对舞毒蛾、光肩星天牛、香蕉穿孔线虫，分别制定了《来自亚洲舞毒蛾疫区的船舶及船上货物运行管理指南》等技术性贸易措施，致使我国每年数百亿美元货物出口受阻。

面对这样的严峻形势，各级林业部门和广大干部职工一定要充分认识到，发展生态林业民生林业，增加森林资源总量，改善生态改善民生，既要做"加法"，多植树造林；又要做"减法"，减少森林资源损失。据测算，我国每年林业有害生物造成死树 4000 万株，损失材积 2551 万立方米。如果有害生物防治工作做好了，这个损失就可以大大减少，对增加森林资源具有重要意义。加强林业有害生物防治，已成为完善林业治理体系的重要内容，提高林业治理能力的重要标志，维护国家外贸安全的重要举措。要把林业有害生物防治与营造林工作放在同等重要的位置，进一步增强责任感和紧迫感，采取扎实有效的防治措施，切实保护好每一棵树木、每一片绿色。

三、准确把握林业有害生物发生的客观规律，科学确定防控工作基本策略

林业有害生物发生、发展、流行、暴发有着自然和社会的双重属性，也有其内在的规律性。从自然属性看，林业有害生物在森林生态系统中是客观存在的，是自然界长期发展进化的结果，是森林生态系统不可或缺的组成部分，具有普遍性。其成灾是生态失衡、种群非正常增殖的结果，是所处自然环境变化的结果。从社会属性看，林业有害生物灾害在我国更多是由人为因素引发的。人类掠夺式的开发与滥用森林资源，违背自然规律地干预森林生态系统，有意或无意识地将外来物种引入新生境，都会使森林生态系统失衡，导致灾害发生。从灾害发生机理看，林业有害生物灾害与人类流行病具有较强的相似性，暴发和流行都要具备传播源头、传播途径和易感

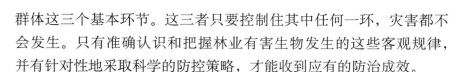

群体这三个基本环节。这三者只要控制住其中任何一环，灾害都不会发生。只有准确认识和把握林业有害生物发生的这些客观规律，并有针对性地采取科学的防控策略，才能收到应有的防治成效。

第一，**坚持强基固本，积极营造健康森林**。要注重培育健康森林，大力营造混交林和乡土树种，增强森林生态系统稳定性和适应性。要从促进森林健康入手，科学开展森林经营工作，让不健康的森林恢复健康，全面提高森林生态系统自我修复功能和病虫害抵御能力，确保森林持续健康生长。

第二，**坚持预防为主，突出抓好检疫和监测预报**。减灾重在预防，这是最科学、最经济的灾害管理策略，能起到事半功倍的效果。要将防治工作重心前移，加强重点地区监测预警，做到最及时的监测、最准确的预报、最主动的预警，给社会提供最直接的服务。要强化检疫执法和疫情传播源头管理，推动由被动救灾向主动防灾转变，最终实现防早防小，防灾于未然。

第三，**坚持快速响应，全面加强应急能力建设**。要修订完善应急预案，建立科学高效的应急工作机制，组建专群结合的防治队伍，加强必要的应急设备和药剂储备，切实做到灾害一旦发生，能够快速响应、积极应对，及时有效加以处置，把灾害控制在最小范围。

第四，**坚持绿色防治，广泛运用无公害防治技术**。要始终运用尊重自然、顺应自然、保护自然的生态文明思维，牢固树立绿色防治理念，积极转变防治方式，坚持和谐包容、适度干预，注重生态调控，杜绝滥用农药，大力推广无公害防治技术，保护生物多样性，防止人为破坏生态系统平衡，维护绿色食品安全，这是今后工作的重点。

第五，**坚持协同防御，全力阻止外来有害生物入侵**。目前，外来有害生物入侵造成的损失已超过林业有害生物损失的2/3。防范外来林业生物入侵，林业责任重大，但关键在于多部门协同防御。当前要加强与农业、质检、环保和交通运输等部门的合作，建立健全多部门、多环节、多层次综合协同防御体系，并加强引种风险评估和隔离试种，广泛开展国际合作与信息共享，坚决将外来入侵生物抵御于国门之外。

第六，坚持变害为利，稳步推进昆虫资源化利用和疫木无害化处理。虽然有的昆虫危害林木，但同时又在药用、食用、饲用等方面具有较高的开发利用价值。被感染的疫木在进行无害化处理后，也可作为木材资源加以利用。要树立变害为宝、化害为利的理念，积极倡导并稳步推进有害生物资源化利用，实现防治病虫害与林农增收相互促进、互利共赢。要将有害生物特别是一些昆虫的资源化利用提到议事日程上来。

四、突出抓好当前各项重点工作，全面提升林业有害生物防治工作水平。

当前和今后一个时期，全国林业有害生物防治工作要全面贯彻落实《国务院办公厅关于进一步加强林业有害生物防治工作的意见》，坚持预防为主、科学治理、依法监管、强化责任的方针，以减轻灾害损失、服务生态林业民生林业建设为目标，全面落实责任，积极创新机制，加强能力建设，突出科学防治，健全管理体系，完善政策法规，提高公众防范意识，为建设生态文明和美丽中国提供重要保障。力争到 2020 年，林业有害生物监测预警、检疫御灾、防治减灾体系全面建成，防治检疫队伍建设得到全面加强，生物入侵防范能力得到显著提升，林业有害生物危害得到有效控制，主要林业有害生物成灾率控制在 4‰ 以下，无公害防治率达到 85% 以上，测报准确率达到 90% 以上，种苗产地检疫率达到 100%。

一要进一步落实防治责任。林业有害生物防治属于公共服务范畴，具有普惠性，防治工作主要应由各级政府来组织。地方政府要认真落实重大林业有害生物防治行政领导负责制，对重大林业有害生物防治工作，实行统一领导、统一组织、统一指挥。要将病虫普查、监测预报、植物检疫、疫情除治等经费纳入地方财政预算，并不断加大基础设施建设投资力度。同时，要落实"谁经营、谁防治"的要求，进一步明确产权主体也是防治主体，把疫情监测和防治责任落实到产权人，确保防治任务能够全面落实。

二要进一步推进依法防治。国家层面要加快修订《森林病虫害防治条例》、《植物检疫条例》，各地要推进地方防治检疫条例和相关制度规范制修订工作。要制定和完善防治作业设计、限期除治、检查考核等制度办法，以及防治检疫技术、林用农药使用、防治装备等规程标准。要加大执法力度，强化执法监管，依法打击和惩处违法违规行为。对工作不到位造成重大损失的，要依法追究相关人员责任。

三要进一步完善防治体系。积极构建地面和空中相结合的立体监测预警体系，实行全面监测、准确预报、及时预警，为科学防治提供信息服务。严把检疫关口，建立健全部门协作、区域联检、封锁有力的检疫御灾体系，严防检疫性、危险性有害生物入侵和扩散。建立健全专群结合、响应快速、处置高效的防治减灾体系，突出抓好重大林业有害生物治理。

四要进一步创新防治机制。着力推行重点区域、重大林业有害生物联防联治，引导林农建立联户防治互助联合体，实现统防统治。探索建立政府购买疫情除治、监测调查服务机制，完善社会化防治的资质认识、招投标、作业监理、成效评估和第三方核查评价等制度，逐步实行防治任务项目化管理、市场化运作。推进林业有害生物灾害损失评估，尽快把有害生物灾害纳入森林灾害综合保险范畴。

五要进一步强化科技支撑。要将重大林业有害生物防治关键技术研究纳入国家和地方科研计划，重点加强防治关键技术研究，着力解决主要技术瓶颈，并积极推广成熟实用的防治技术。支持发展林业有害生物防治科技创新组织，积极借鉴国际先进防治理念和技术。加强林业有害生物科普宣传，引导社会公众科学认识并自觉防范林业有害生物。

六要进一步培养人才队伍。各地要建立健全领导有力、运转高效的防治协调指挥机构，合理配备人员力量，充分发挥防治检疫机构职能作用。要加强行业队伍业务培训和专业技能人才培养，特别是要有针对性培养森保专业人才，实行关键岗位持证上岗制度。加强队伍作风建设，强化责任意识，增强学习意识，提升服务意识，更好地服务林业大局、服务基层群众。

最后，我再强调一下办好用好《中国绿色时报》的问题。《中国绿色时报》是全国绿化委员会、国家林业局主管的唯一一份报纸，是宣传国家政策、发布重要信息、推动林业工作的主要平台和权威媒体，在宣传林业改革发展、服务基层林农群众方面发挥着重要作用，要千方百计办好用好这份报纸。一要多看多用《中国绿色时报》。广大林业工作者尤其是各级领导干部要养成看《中国绿色时报》、用《中国绿色时报》的良好习惯，善于从报纸中获取信息、掌握政策、了解大局，真正把报纸变成工作指南和参谋助手。二要着力抓好报纸发行工作。当前正值报纸发行关键时期，各级林业部门要广泛动员各种力量订阅《中国绿色时报》，努力扩大读者覆盖面。要积极为同级党委、人大、政府、政协等相关领导订阅报纸，让他们更好地了解、支持和指导林业。要送报下乡，深入推进中国绿色时报进农家书屋工作，主动协调地方新闻出版和文化管理部门，认真落实国家新闻出版广电总局的推荐要求，真正推动《中国绿色时报》进农家书屋、到基层一线，使其更好地服务林农群众。三要全面提高报纸质量。报社要紧紧围绕林业中心工作，继续深化改革，创新体制机制，加强人才培养，不断提高办报水平，切实增强报纸的指导性、时效性、可读性和实用性，更好地服务生态林业民生林业大局。各地区、各部门要大力支持报社工作，为其改革发展创造良好条件。

同志们，加强林业有害生物防治，事关林业治理体系和治理能力现代化，事关改善生态改善民生国家战略大局。让我们紧密团结在以习近平同志为总书记的党中央周围，高举中国特色社会主义伟大旗帜，改革创新，开拓进取，落实责任，扎实工作，全面提升林业有害生物防治水平，为发展生态林业民生林业、建设生态文明和美丽中国作出新的更大贡献！

国家林业局关于贯彻落实《国务院办公厅关于进一步加强林业有害生物防治工作的意见》的通知

林造发〔2014〕94号

各省、自治区、直辖市林业厅（局），内蒙古、吉林、龙江、大兴安岭森工（林业）集团公司，新疆生产建设兵团林业局，各计划单列市林业局，国家林业局各司局、各直属单位：

《国务院办公厅关于进一步加强林业有害生物防治工作的意见》（国办发〔2014〕26号，以下简称《意见》）颁发实施，这是国务院在新形势下为强化林业有害生物防治工作作出的重大决策部署，是全面指导当前和今后一个时期防治工作的纲领性文件。为深入贯彻落实《意见》，进一步取得林业有害生物防治工作新成效，现就有关要求通知如下：

一、充分认识贯彻落实《意见》的重大意义

《意见》是继2002年《国务院办公厅关于进一步加强松材线虫病预防和除治工作的通知》和2006年《国务院办公厅关于进一步加强美国白蛾防治工作的通知》之后，针对近年来林业有害生物发生危害的严峻形势和提升防治工作能力水平的迫切需要颁发的又一重要文件，充分体现了党中央、国务院对林业特别是有害生物防治工作的高度重视，对推进我国林业有害生物防治事业发展具有里程碑的意义。

《意见》以党的十八大和十八届二中、三中全会精神为指导，从建设生态文明和美丽中国的战略和全局高度，提出了加强防治工作的总要求，是从国家层面第一次全面系统部署防治工作，凸显了防治工作在促进生态文明建设中的重要地位和作用。《意见》的出台，

对促进各级政府和相关部门进一步重视、支持林业有害生物防治工作，有效解决长期制约防治工作的政策保障问题和体制机制问题，彻底扭转有害生物灾害多发频发态势，大幅提升整体防治工作水平具有至关重要的作用。各级林业主管部门要充分认识贯彻落实《意见》的重大意义，进一步增强责任感、使命感，切实加强林业有害生物防治工作，全面推进生态林业民生林业持续发展和生态文明建设。

二、扎实做好《意见》的学习宣传

《意见》是开展林业有害生物防治工作的行动指南。地方各级林业主管部门要立即行动起来，将学习贯彻《意见》作为当前的中心任务、重点工作，切实抓紧抓实抓好。

（一）认真学习领会《意见》精神。要通过集中学习、专题培训、座谈讨论等方式，积极引导和指导广大林业职工特别是领导干部学习吃透《意见》原文、正确理解《意见》内涵，把思想和行动统一到党中央、国务院关于加强林业有害生物防治工作的重大决策部署上来。

（二）准确把握《意见》内容。《意见》的主要内容是："一条主线"，即以明确事权、落实责任为主线，明确的是中央与地方、政府与部门、政府与林业经营主体的事权，落实的是政府、部门、林业经营主体三者的责任，这是加强林业有害生物防治工作的根本保障。"两大目标"，即服务保障能力建设目标和灾害控制目标，这是到 2020 年林业有害生物防治工作实现的总目标。"三大任务"，即加强灾害预防、应急防治、社会化防治三项重点工作，这是对林业部门自身工作提出的主要任务和总体要求。"八项保障措施"，即资金投入、扶持政策、法规制度、科技支撑、队伍建设和组织领导等，这是对各级政府、相关部门支持和加强林业有害生物防治工作的总部署，确保防治工作目标、任务全面得到落实的基本保障。

（三）广泛开展务实宣传。要拓宽宣传渠道，利用各种媒体向公众宣传，向相关部门宣传，向各级党政领导宣传，努力营造全社会关心和支持林业有害生物防治工作的良好氛围，切实形成"政府主导、

部门协作、社会参与"的防治工作格局。要丰富宣传内容,做好《意见》主要精神、措施要求的解读,宣讲有害生物危害性、防治工作重要性,普及林业有害生物防控知识,倾听社会各界的意见和建议,调动各方面的积极性,为落实好《意见》奠定良好的社会基础。

三、认真抓好《意见》各项任务要求的全面落实

地方各级林业主管部门要认真履行职责,扎实推进《意见》的贯彻落实工作,圆满完成《意见》确定的各项目标任务。当前要谋划好、落实好以下重点工作。

(一)**突出加强监测预报工作。**要坚持预防为主方针,落实普查制度,重点抓好第三次全国林业有害生物普查的各项准备和实施工作,为科学防治、确保防早防小提供决策依据。要认真落实监测预报制度,切实加快建立人工、诱引等为主的地面监测与航天、航空遥感等为主的空中监测相结合的立体监测平台,突出抓好深山区、密林区、偏远地等区域的灾情监测,努力提高精细化、生产性的短期灾害预报预警水平。要加快监测网络平台建设,建立健全专、兼职测报员体系,力争到 2020 年,每个村至少有一名兼职测报员。要设立林业有害生物灾情公众报告平台,拓宽疫情灾情发现途径。

(二)**加快推进检疫审批改革。**要按照国务院行政审批制度改革有关要求,认真开展林业植物检疫审批事项的清理,保留的审批事项要依法规范实施,下放的审批事项要做好承接和督导,确保检疫监管工作不出空档。要不断完善林业植物检疫审批服务平台,改进审批服务方式,提高工作效率。要加强造林绿化苗木、木质包装材料、食用林产品等全过程检疫责任追溯监管体系建设,强化国内植物调运检疫、国外林木引种、隔离试种苗圃、疫木加工的检疫审批事中事后监管。积极开展检疫执法,严厉打击违法违规行为。

(三)**积极创新防治机制。**要建立和完善省、市、县级行政区间联防联治机制,强化毗邻地区和插花地带的防治工作。要充分发挥市场机制的积极作用,开展政府向社会购买疫情除害、监测调查等

服务的试点工作。要逐步建立政府、部门、企业、公众共同参与的社会化防治监督机制，畅通公众监督渠道，依法查处违纪、违规行为。要加强防治协会建设的指导，支持行业协会等社团组织参与林业有害生物防治工作，发挥其应有作用。

（四）**努力提高科学防治水平。**要切实落实林业有害生物"国家和地方分级管理"制度，分级提出重点防治的林业有害生物种类清单。当前，国家重点组织实施松材线虫病、美国白蛾、林业鼠（兔）害、薇甘菊，以及钻蛀性和新入侵的高风险有害生物防治。要积极转变林业有害生物防治方式，大力推广迷向、生物农药（天敌）防治等绿色环保措施，有效保护水源、土壤、非标靶生物和人畜安全。加快研发推广集防害、补养、缓释等为一体的多功能防治药剂，有效减少施药次数和施药量，降低防治成本。要根据桑蚕、蜜蜂、鱼虾等养殖要求，研究提出特定区域、特定时间、特定防治对象施用农药种类的负面清单。要将林业有害生物防治措施纳入生态修复工程规划、造林绿化设计、森林经营方案，并将其列为主要审查指标。

（五）**切实抓好防治基础能力建设。**要加强本级林业有害生物防治建设规划的编制和实施工作。结合林业发展"十三五"规划编制，抓紧研究提出本地区"十三五"林业有害生物防治建设目标、建设体系和年度任务安排。积极协调发展改革等部门，将监测预警、检疫御灾、防治减灾体系建设纳入到地方发展规划。要重点强化基层防治检疫机构基础能力建设，力争三年内全国建成 500 个县级示范局（站）。各省级林业主管部门要结合实际，分级分区域制订县级示范局（站）建设标准，抓实抓好一批示范局（站）建设，充分发挥其示范带动作用。要高度重视林业有害生物防治减灾教育宣传基地、科普基地建设，使之成为公众了解防治知识、增强防治意识的平台。要认真制订培训计划，逐级定期开展防治技术培训，突出提高基层技术人员、乡村兼职测报员和林农的防治技能。

（六）**进一步完善防治法规制度。**要积极协调省政府、省人大，加强省级林业有害生物防治检疫法规建设。尚未出台地方防治检疫条例的，要尽快启动制订工作；已经制订的，要根据形势发展、情况变化做好修订工作。制订和完善省级层面的防治工作检查考核办法。要规范社会化防治工作，研究制订社会化防治组织资质和从业人员资格认定制度，完善社会化防治的招投标制度、作业监理制度、防治效果评估和第三方防治成效核查评价制度。

四、切实加强贯彻落实《意见》的组织领导

地方各级林业主管部门要进一步加强林业有害生物防治工作的统筹协调，强化《意见》贯彻落实工作的组织领导。

（一）**加快制订《意见》贯彻落实配套措施。**要当好本级人民政府的参谋，系统总结本地区防治工作经验与不足，认真研究分析本地防治工作新情况、新问题，抓紧制定贯彻措施，协调推进本级人民政府出台落实《意见》的实施文件。要切实加强林业内部各职能部门的协作配合，研究制订本级林业主管部门贯彻落实《意见》的工作任务分工方案，积极发挥林业有害生物防治管理整体职能优势，确保《意见》各项任务措施落到实处。

（二）**积极推动防治责任落实。**要积极协调本级人民政府，进一步推动落实重大林业有害生物防治目标责任制，建立健全防治目标责任书制度。要努力争取相关部门理解和支持，重点协调推动发展改革、财政部门，以及税收、金融机构落实好《意见》中有关的资金政策和扶持政策。要协调推动农业、水利、住房城乡建设、环境保护等部门，以及风景名胜区、森林公园等经营主体切实履行防治工作职责，制订本行业、本系统和经营范围的防治工作方案，加大执行与监管力度。要通过建立防治工作联席会议制度等，加强与交通运输、民航、工业和信息化、住房城乡建设等部门沟通，协同开展检疫检查工作，重点加强与出入境检验检疫机构协作，严防外来有害生物入侵危害。要适应集体林权制度改革后的新形势，积极督导落实营造林企业、林业专业合作组织、造林大户、个体林农等林业经营主体的防治责任。

（三）着力强化防治检疫机构队伍建设。要全面系统学习领会《意见》精神内涵，切实加强防治检疫组织建设。积极协调机构编制、人力资源社会保障等有关部门，认真研究解决防治检疫组织建设中的重大问题，确保做到组织构架、人员力量、监管体系与本地区防治任务相适应，以有利于充分发挥防治检疫机构职能作用。要提高林业植物保护等相关专业人员比例，加强教育培训，提高防治管理和服务能力，为全面加强林业有害生物防治工作奠定坚实基础。

各省级林业主管部门要将贯彻落实《意见》的情况于8月30日前报送我局造林绿化管理司。我局将在2014年底对各地贯彻落实情况进行检查。

国家林业局

2014 年 7 月 7 日

国家林业局关于印发《松材线虫病等重大林业有害生物防治目标责任检查考核办法》的函

林发明电〔2014〕2号

各省、自治区、直辖市人民政府：

为做好《2011-2013年松材线虫病等重大林业有害生物防控目标责任书》检查考核工作，进一步加强林业有害生物防治，坚决遏制松材线虫病等重大林业有害生物扩散危害的势头，有效保护我国森林资源和国土生态安全，经国务院同意，现将《松材线虫病等重大林业有害生物防治目标责任检查考核办法》印发给你们，请认真执行。

附件：松材线虫病等重大林业有害生物防治目标责任检查考核办法

国家林业局

2014年10月11日

附件：

松材线虫病等重大林业有害生物
防治目标责任检查考核办法

  第一条 为切实做好全国林业有害生物防治工作，坚决遏制松材线虫病等重大林业有害生物扩散危害的势头，有效保护我国森林资源和国土生态安全，根据《国务院办公厅关于进一步加强松材线虫病预防和除治工作的通知》（国办发明电〔2002〕5号）、《国务院办公厅关于进一步加强美国白蛾防治工作的通知》（国办发明电〔2006〕6号），以及《国家林业局关于进一步加强林业有害生物防治工作的意见》（林造发〔2011〕183号）等文件精神，制定本办法。

  第二条 松材线虫病等重大林业有害生物防治目标责任检查考核工作，坚持客观公正、科学合理、公开透明、注重实绩的原则。

  第三条 松材线虫病等重大林业有害生物防治目标责任检查考核对象为与国家林业局签订《松材线虫病等重大林业有害生物防治目标责任书》（以下简称《责任书》）的省（自治区、直辖市）人民政府，检查考核内容以责任书规定的目标责任为重点，并兼顾防治目标责任期内的整体防治工作。

  第四条 国家林业局成立全国松材线虫病等重大林业有害生物防治目标责任检查考核工作领导小组和检查考核工作组，对各省（自治区、直辖市）人民政府防治目标责任履行情况进行综合检查考核。

  第五条 检查考核内容包括防治目标责任制执行情况、预防措施落实情况、治理措施落实情况、保障措施落实情况等四部分，在此基础上细化检查考核内容，并进行量化评分（检查考核评分表附后）。

  第六条 检查考核工作组根据《责任书》，结合检查考核评分表中的检查考核内容，通过听取汇报、查阅资料、座谈走访、实地检查等方式，按照检查考核评分表所列评分标准逐项进行量化评分。

  第七条 检查考核采用评分法，满分为100分。检查考核结果划分为优秀、良好、合格和不合格四个等级，其中：检查考核得分90分以上的为优秀，80分以上90分以下的为良好，60以上80分以下的为合格，60分以下的为不合格（以上含本数，以下不含本数，下同）。

第八条 检查考核结果经国家林业局审定后，上报国务院并向各省（自治区、直辖市）人民政府通报。对认真履行松材线虫病等重大林业有害生物防治目标责任、检查考核结果为优秀的，按照国家有关规定给予表扬奖励；检查考核结果为不合格的，由省级人民政府在检查考核结果通报后一个月内提出整改措施，向国家林业局作出书面报告。国家林业局将汇总各有关省（自治区、直辖市）人民政府的整改措施和整改结果上报国务院。

第九条 对在检查考核工作中弄虚作假、瞒报虚报情况的，予以通报批评，并依法依纪追究有关责任人员责任。对检查考核过程中发现的因防治工作不到位造成重大经济和生态损失的，依法追究相关人员责任。

第十条 各省（自治区、直辖市）人民政府根据本办法，结合本地实际，对本行政区内各级人民政府重大林业有害生物防治工作进行检查考核。

第十一条 本办法由国家林业局负责解释。

松材线虫病等重大林业有害生物防治目标责任检查考核评分表

检查考核内容		评分标准
一、防治目标责任制执行情况(35分)	(一)防治目标责任书履行情况(25分)	防治目标责任书规定的防治目标中,每有一个目标项没有完成的,扣5分。本项扣分至0分为止。目标项指防治目标责任书中,"防治目标"一章中的各个目标内容。
	(二)地方政府和林业部门"双线"防治目标责任书制度落实情况(5分)	发生松材线虫病等重大林业有害生物的省级政府和林业部门"双线"防治目标责任书签订不完整的,按以下标准扣分: 1. 政府间责任书签订不完整的,扣3分; 2. 林业部门间签订责任书不完整的,扣2分。
	(三)重大林业有害生物防治方案制定情况(5分)	发生松材线虫病等重大林业有害生物灾害的省、市、县级行政区,省、市、县级政府,制定的三级防治方案均应有上级林业部门或本级人民政府的批复,批复每缺一个扣1分;总体和年度防治方案每缺一个扣1分。本项累计扣分至0分为止。
二、预防措施落实情况(30分)	(一)林业有害生物监测情况(8分)	1. 林业有害生物测报站(点)布局不合理的,扣1分; 2. 林业有害生物监测站(点)监测任务不明确,监测责任落实不到位的,扣2分; 3. 监测站(点)管理制度不健全、档案不规范的,扣2分; 4. 没有及时监测到林业有害生物成灾的,扣3分。有关"成灾"的判断标准按照国家林业局即发布的主要林业有害生物成灾标准执行。
	(二)林业有害生物发生报告情况(4分)	1. 没有按照规定及时报告林业有害生物信息的,每发生一次,扣1分; 2. 出现瞒报、漏报、虚报林业有害生物发生信息的,每发生一次,扣2分。本项累积扣分至0分为止。
	(三)林业有害生物灾害预报预警情况(4分)	1. 没有定期向社会发布林业有害生物中长期趋势预报的或者没有作出生产性趋势预报的,扣1分; 2. 国家级和省级测报站(点)对辖区内省级测报但没有采取预防措施的,扣1分; 3. 未能及时有效地组织、开展林业有害生物灾害预防工作的,扣1分。

（续）

检查考核内容	评分标准
（四）对涉检单位和个人检疫登记备案情况（3分）	1. 对辖区内生产、经营应施检疫的林业植物及其产品的单位和个人（简称"涉检单位和个人"）没有开展检疫登记备案工作的，扣2分； 2. 涉检单位和个人检疫登记备案信息更新不及时，登记备案材料不完整、不准确的，扣1分；
（五）林业植物检疫执法工作情况（9分）	1. 产地检疫、调运检疫、复检工作制度不健全，档案管理不规范的，扣2分； 2. 国外林木引种检疫、疫木定点加工企业认定未开展林业植物检疫执法行动，且无检疫案件查处的，扣2分； 3. 没有定期在辖区内开展林业植物检疫执法行动，且无检疫案件查处的，扣1分； 4. 对调入辖区内的造林绿化苗木及松木包装材料复检不到位的，扣1分； 5. 发生疫情传播扩散事件的，扣3分。
（六）检疫性林业有害生物管理情况（2分）	1. 省级人民政府没有按照规定发布全国林业检疫性有害生物疫区，或者只发布部分全国检疫性有害生物疫区的，扣1分； 2. 省级林业主管部门没有按照规定发布补充本省林业检疫性有害生物名单的，扣1分。
三、治理措施落实情况（15分）	
（一）林业有害生物灾害应急防治情况（5分）	1. 重大林业有害生物灾害应急预案不健全，或者未能及时有效完善的，扣2分； 2. 辖区内应急防治指挥系统、应急防治队伍不健全，应急防治药剂、设施设备储备不到位的，扣1分； 3. 抗性种苗培育、森林经营、生物调控等治本措施运用比例低，且未能优先安排重大林业有害生物发生区林分更新改造任务的，扣2分。
（二）无公害防治开展情况（5分）	1. 重大林业有害生物无公害防治率在80%～85%的，扣1分；75%～80%的，扣2分；75%以下的，扣3分。 2. 无公害防治过程中没有运用有害生物航空作业防治、地面远程施药等先进技术手段开展灾害应急处置的，扣2分。
（三）林业有害生物联防联治情况（5分）	1. 省级行政区间、省内县级行政区间联防联治协同防治工作机制不健全的，扣3分； 2. 各有关部门配合不力，没有联合开展检疫执法、防治作业等协同防治工作的，扣2分。

27

（续）

检查考核内容		评分标准
四、保障措施落实情况(20分)	(一)林业有害生物防治工作地方人民政府组织领导情况(9分)	1. 发生重大林业有害生物的省、市、县级三级行政区没有成立防治领导机构的,扣3分; 2. 重大林业有害生物防治政府组织协调机制不健全,部门间联席会议制度、疫情信息沟通机制不完备的,扣3分; 3. 各有关部门职责任务不明确,林业有害生物防治工作落实不到位、执行不力的,扣3分。
	(二)省级财政安排专项防治补助经费情况(7分)	1. 地方各级政府不能保障本辖区林业有害生物防治工作所需经费的,扣6分; 2. 省级财政对贫困地区林业有害生物防治工作没有给予一定支持的,扣1分。
	(三)防治工作制度建设情况(4分)	1. 林业有害生物监测、防治、检疫等工作制度不健全的,扣2分; 2. 林业有害生物防治地方法规不健全的,扣2分。

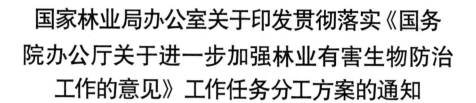

国家林业局办公室关于印发贯彻落实《国务院办公厅关于进一步加强林业有害生物防治工作的意见》工作任务分工方案的通知

办造字〔2014〕96号

国家林业局各司局、各直属机构：

2014年5月28日，国务院办公厅印发了《关于进一步加强林业有害生物防治工作的意见》（国办发〔2014〕26号，以下简称《意见》）。为深入贯彻落实《意见》提出的各项任务措施，现将《贯彻落实〈国务院办公厅关于进一步加强林业有害生物防治工作的意见〉工作任务分工方案》（以下简称《分工方案》）印发给你们，并就有关事项通知如下：

一、各相关司局和直属单位要高度重视《分工方案》中确定的任务，结合各自工作实际，抓实抓好落实工作。

二、牵头司局对承担的工作任务负总责，要进一步细化分解任务，并落实到具体处室和责任人，落实到相关司局和直属单位。其他司局、直属单位要根据职责分工、积极配合，加强合作。需要增加配合单位的，牵头司局可商有关单位自行确定。

三、根据今年第五次局务会议要求，《分工方案》中确定的任务完成情况将纳入司局、直属单位年度工作考核内容。请各牵头司局于2014年12月15日前将任务落实情况报局造林司。

国家林业局办公室

2014年7月4日

附件：

贯彻落实《国务院办公厅关于进一步加强林业有害生物防治工作的意见》工作任务分工方案

为进一步做好《国务院办公厅关于进一步加强林业有害生物防治工作的意见》（国办发〔2014〕26号）贯彻落实工作，特制订本工作任务分工方案。

一、关于强化灾害预防措施

1. 林业主管部门要加强对林业有害生物防治的技术指导、生产服务和监督管理，组织编制林业有害生物防治发展规划。（造林司牵头，计财司、森防总站配合）

2. 完善监测预警机制，科学布局监测站（点），不断拓展监测网络平台，每5年组织开展一次普查。重点加强对自然保护区、重点生态区有害生物的监测预警、灾情评估。（造林司牵头，保护司、计财司、森防总站配合）

3. 切实提高灾害监测和预测预报准确性，及时发布预报预警信息，科学确定林业检疫性和危害性有害生物名单，实行国家和地方分级管理。（造林司牵头，办公室、宣传办、森防总站配合）

4. 强化抗性种苗培育、森林经营、生物调控等治本措施的运用，并优先安排有害生物危害林木采伐指标和更新改造任务。（造林司牵头，资源司、科技司、场圃总站、工作总站、森防总站配合）

5. 切实加强有害生物传播扩散源头管理，抓好产地检疫和监管，重点做好种苗产地检疫，推进应施检疫的林业植物及其产品全过程追溯监管平台建设。（造林司牵头，政法司、资源司、公安局、信息办、场圃总站、森防总站配合）

6. 进一步优化检疫审批程序，强化事中和事后监管，严格风险评估、产地检疫、隔离除害、种植地监管等制度，注重发挥市场机制和行业协会的作用，促进林业经营者自律和规范经营。（造林司牵头，政法司、国际司、林科院、森防总站配合）

二、关于提高应急防治能力

7. 各地区要结合防治工作实际，进一步完善突发林业有害生物灾害应急预案，加快建立科学高效的应急工作机制，制订严密规范的应急防治流程。（造林司牵头，森防总站配合）

8. 充分利用物联网、卫星导航定位等信息化手段，建设应急防治指挥系统，组建专群结合的应急防治队伍，加强必要的应急防治设备、药剂储备。（造林司牵头，计财司、科技司、信息办、林科院、森防总站配合）

9. 定期开展防治技能培训和应急演练，提高应急响应和处置能力。（造林司牵头，人事司、政法司、森防总站配合）

10. 加大低毒低残留农药防治、生物农药防治等无公害防治技术以及航空作业防治、地面远程施药等先进技术手段的推广运用，提升有害生物灾害应急处置水平。（造林司牵头，公安局、计财司、科技司、森防总站配合）

三、关于推进社会化防治

11. 各地区、各有关部门要进一步加快职能转变，创新防治体制机制，通过政策引导、部门组织、市场拉动等途径，扶持和发展多形式、多层次、跨行业的社会化防治组织。鼓励林区农民建立防治互助联合体，支持开展专业化统防统治和区域化防治，引导实施无公害防治。（造林司牵头，政法司、林改司、计财司、人事司、工作总站、森防总站配合）

12. 开展政府向社会化防治组织购买疫情除治、监测调查等服务的试点工作。做好对社会化防治的指导，积极提供优质的技术服务和积极的政策支持。（造林司牵头，计财司、森防总站配合）

13. 加强对社会化防治组织和从业人员的管理与培训，完善防治作业设计、防治质量与成效的评定方法与标准。支持防治行业协会、中介机构的发展，充分发挥其技术咨询、信息服务、行业自律的作用。（造林司牵头，人事司、政法司、科技司、工作总站、森防总站配合）

四、关于拓宽资金投入渠道

14. 中央财政要继续加大支持力度，重点支持松材线虫病、美国白蛾等重大林业有害生物以及林业鼠（兔）害、有害植物防治。有关部门要严格防治资金管理，强化资金绩效评价，确保防治效益和资金安全。（计财司牵头，造林司、森防总站配合）

15. 积极引导林木所有者和经营者投资投劳开展防治。（造林司牵头，资源司、政法司、林改司、计财司、森防总站配合）

16. 进一步推进森林保险工作，提高防范、控制和分散风险的能力。（计财司牵头，造林司、政法司、林改司、森防总站配合）

17. 风景名胜区、森林公园等的经营者要根据国家有关规定，从经营收入中提取一定比例的资金用于林业有害生物防治。（计财司牵头，造林司、保护司、森防总站配合）

五、关于落实相关扶持政策

18. 进一步落实相关扶持政策，将林业有害生物灾害防治纳入国家防灾减灾体系，将防治需要的相关机具列入农机补贴范围。（计财司牵头，造林司、森防总站配合）

19. 支持通用航空企业拓展航空防治作业，在全国范围内合理布局航空汽油储运供应点。（造林司牵头，计财司、森防总站配合）

20. 按照国家有关规定落实防治作业人员接触有毒有害物质的岗位津贴和相关福利待遇。（人事司牵头，造林司、计财司、森防总站配合）

21. 探索建立政府购买防治服务机制，支持符合条件的社会化

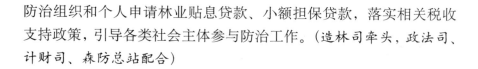

防治组织和个人申请林业贴息贷款、小额担保贷款，落实相关税收支持政策，引导各类社会主体参与防治工作。（造林司牵头，政法司、计财司、森防总站配合）

六、关于完善防治法规制度

22．研究完善林业有害生物防治、植物检疫方面的法律法规，制定和完善符合国际惯例和国内实际的防治作业设计、限期除治、防治成效检查考核等管理办法。（造林司牵头，政法司、森防总站配合）

23．抓紧制（修）订防治检疫技术、林用农药使用、防治装备等标准。各地区要积极推动地方防治检疫条例、办法的制（修）订，研究完善具体管理办法。（造林司牵头，计财司、科技司、林科院、森防总站配合）

24．各地区、各有关部门要依法履行防治工作职能，加大执法力度，依法打击和惩处违法违规行为。（造林司牵头，政法司、公安局、森防总站配合）

25．国务院林业主管部门要制定和完善检查考核办法，对防治工作中成绩显著的单位和个人，按照国家有关规定给予表彰和奖励；对工作不到位造成重大经济和生态损失的，依法追究相关人员责任。（造林司牵头，办公室、政法司、人事司、森防总站配合）

七、关于增强科技支撑能力

26．国家和地方相关科技计划（基金、专项），要加大对林业有害生物防治领域科学研究的支持力度，重点支持成灾机理、抗性树种培育、营造林控制技术、生态修复技术、外来有害生物入侵防控技术、快速检验检测技术、空中和地面相结合的立体监测技术等基础性、前沿性和实用性技术研究。注重低毒低残留农药、生物农药、高效防治器械及其运用技术的开发和研究。（科技司牵头，造林司、计财司、林科院、森防总站配合）

27．加快以企业为主体、产学研协同开展防治技术创新和推广

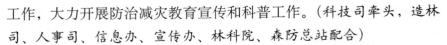

工作，大力开展防治减灾教育宣传和科普工作。（科技司牵头，造林司、人事司、信息办、宣传办、林科院、森防总站配合）

28. 加强与有关国家、国际组织的交流合作，密切跟踪发展趋势，学习借鉴国际先进技术和管理经验。（造林司牵头，国际司、科技司、林科院、森防总站配合）

八、关于加强人才队伍建设

29. 各地区要根据本地林业有害生物防治工作需要，加强防治检疫组织建设，合理配备人员力量，特别是要加强防治专业技术人员的配备。加强防治队伍的业务和作风建设，强化培训教育，提高人员素质、业务水平和依法行政能力。（造林司牵头，政法司、科技司、人事司、森防总站配合）

30. 支持高等学校、中职学校、科研院所的森林保护、植物保护等相关专业学科建设，积极引进和培养高层次、高素质的专业人才。（人事司牵头，造林司、科技司、森防总站配合）

九、关于全面落实防治责任

31. 林业有害生物防治实行"谁经营、谁防治"的责任制度，林业经营主体要做好其所属或经营森林、林木的有害生物预防和治理工作。地方各级人民政府要加强组织领导，充分调动各方面积极性，将防治基础设施建设纳入林业和生态建设发展总体规划，重点加强航空和地面防治设施设备、区域性应急防控指挥系统、基层监测站（点）等建设。（造林司牵头，政法司、林改司、计财司、人事司、森防总站配合）

32. 进一步健全重大林业有害生物防治目标责任制，将林业有害生物成灾率、重大林业有害生物防治目标完成情况列入政府考核评价指标体系。在发生暴发性或危险性林业有害生物危害时，实行地方人民政府行政领导负责制，根据实际需要建立健全临时指挥机构，制定紧急除治措施，协调解决重大问题。（造林司牵头，政法司、

人事司、森防总站配合）

十、关于加强部门协作配合

33. 各有关部门要切实加强沟通协作,各负其责、依法履职。（造林司牵头,办公室、森防总站配合）

十一、关于健全联防联治机制

34. 相邻省（自治区、直辖市）间要加强协作配合,建立林业有害生物联防联治机制,健全值班值守、疫情信息通报和定期会商制度,并严格按照国家统一的技术要求联合开展防治作业和检查验收工作。（造林司牵头,办公室、森防总站配合）

35. 根据有关规定,进一步加强疫区和疫木管理,做好疫区认定、划定、发布和撤销工作,及时根除疫情。国务院林业主管部门要加强对跨省（自治区、直辖市）林业有害生物联防联治的组织协调,确保工作成效。（造林司牵头,资源司、森防总站配合）

国家质检总局　国家林业局
关于印发促进生态林业民生林业发展
合作备忘录的通知

国质检动联〔2015〕58 号

各直属检验检疫局；各省、自治区、直辖市林业厅（局）：

为贯彻落实《国务院办公厅关于进一步加强林业有害生物防治工作的意见》（国办发〔2014〕26 号），建立更加紧密的合作机制，在总结近年来双方友好和富有成效合作经验的基础上，国家质检总局、国家林业局于 2014 年 12 月 2 日正式签署了《关于促进生态林业民生林业发展合作备忘录》（以下简称《合作备忘录》）。现将《合作备忘录》予以印发，并就有关要求通知如下：

一、高度重视，提高认识

长期以来，质检、林业两部门一直保持良好的合作关系，建立了工作会商、问题会诊和动植物疫情联防联控合作机制。在当前全面深化改革的新形势下，进一步加强双方合作，既是贯彻落实中央决策部署的需要，也是共同防范林业有害生物入侵危害，推进林产品地理标志和生态原产地保护，促进林产品国际贸易和林业持续健康发展的重要举措。全国各检验检疫机构、地方各级林业主管部门要高度重视双方的合作，充分认识《合作备忘录》对增进双方合作，推进各自工作，履行共同保护国家生态环境安全、促进经济社会发展职责的重要意义。

二、密切合作，务求实效

此次双方签署的《合作备忘录》涉及领域广泛、内容丰富，涵

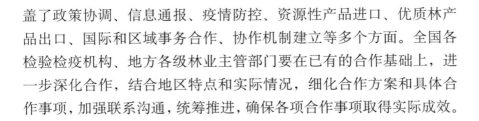

盖了政策协调、信息通报、疫情防控、资源性产品进口、优质林产品出口、国际和区域事务合作、协作机制建立等多个方面。全国各检验检疫机构、地方各级林业主管部门要在已有的合作基础上，进一步深化合作，结合地区特点和实际情况，细化合作方案和具体合作事项，加强联系沟通，统筹推进，确保各项合作事项取得实际成效。

三、因地制宜，合作发展

各地质检和林业部门要从本地实际出发，不断开拓合作领域，并注重总结先进经验，创新合作机制，扩大合作成果，共同促进生态林业民生林业发展。

执行中如遇问题或取得重大进展，请及时向质检总局、国家林业局报告。

特此通知。

质检总局   国家林业局
2015 年 2 月 2 日   2015 年 2 月 2 日

附件：

国家质检总局 国家林业局关于促进
生态林业民生林业发展合作备忘录

为贯彻落实《国务院办公厅关于进一步加强林业有害生物防治工作的意见》（国办发〔2014〕26 号）、《国务院办公厅关于加快林下经济发展的意见》（国办发〔2012〕42 号），加快生态林业民生林业发展，保障生态文明和美丽中国建设，国家质检总局与国家林业局（以下简称双方）商定，建立更加紧密的合作机制，共同防范林业有害生物入侵危害，保护野生动植物健康，科学合理利用森林资源，共同推进林产品地理标志和生态原产地保护，树立生态文明的国家品牌，促进林产品国际贸易和林业持续健康发展。

一、加强政策协调，完善信息通报机制

建立重大决策的沟通协调机制，协调国内林业保护和进出口检疫及生态原产地产品保护政策，协调重大突发事件处置措施，协调对外谈判立场，协调信息公开和发布机制，根据需要联合开展执法行动。建立重要信息的交流通报机制，定期通报重要政务信息、进出口贸易数据、贸易壁垒和摩擦、国际国内疫情、疫情监测和疫情截获等信息。

二、共同防范疫情，促进林业可持续发展

加大松材线虫、舞毒蛾、红火蚁、椰心叶甲、梨火疫病、刺桐姬小蜂、松树蜂、椰子织蛾、检疫性实蝇、香蕉穿孔线虫、美国白蛾、苹果蠹蛾等有害生物以及高致病性禽流感、非洲猪瘟等动物传染病监测与防控合作，在监测、检测等资源方面互相补充、互相支持，共享监测、检测结果；加强和完善外来有害生物防控体系建设，强化境外重大植物疫情风险管理，严防外来有害生物传入；加强检疫

风险分析和准入合作，充分发挥各级检验检疫和林业机构技术专长和人才优势，合作开展有害生物风险评估，根据我国动植物健康保护水平和林业生产发展需要，确定科学的保护措施；加强进出境野生动植物遗传资源保护和检疫合作，防止我国重要野生动植物遗传资源流失，防范疫情跨境传播；加强重大突发疫情处置的合作，及时通报重大突发事件及其处置过程中的相关情况，快速核查，紧急磋商，相互配合，并应对方要求提供必要的帮助或协同处置突发疫情。

三、共同服务宏观调控，促进资源性产品进口

双方加强在林业动植物检疫审批、检疫卫生条件、口岸检疫和隔离检疫等方面的合作，加快国家所需林木种苗、野生动植物引进，加快推进林下药材、林下菌类等林下经济产品发展，稳定木材及非木质林产品等资源性产品进口；加强境内设立进口木材检疫除害处理区、木材加工区及林下经济产品等方面的合作，特别是按照职责分工加强对引进林木隔离试种苗圃的监管合作，联合执法，保障安全；加强物种资源交换检验检疫合作。

四、共同开拓国际市场，促进林产品出口

继续落实双方联合印发的《关于促进林木制品质量提升的意见》。共同推动出口植物种苗花卉基地、出口示范区建设，鼓励和帮助出口企业建立质量安全保障体系，加强对行业的指导和人员培训，促进出口林产品质量与安全水平的提高；共同应对国外技术性贸易壁垒，开展国际市场研究，组织对外谈判，促进我国优势林产品扩大出口；不断优化出口监管方式，根据产品风险和企业管理及诚信水平，推进分类、分级管理，提高通关效率，降低出口成本。

五、加强林产品生态原产地产品保护和地理标志合作

共同加强林产品生态原产地产品评定和地理标志工作，健全林下经济生态原产地产品评定要素体系，协同开展林下经济生态原产

地产品交易中心建设，有效保护林业生态原产地产品。支持加快建立有利于战略性产业发展的行业标准和重要产品技术标准体系，支持培育国际化品牌，提升中国制造产品国际竞争力，共同打击违法违规行为，维护消费者、生产者和经营者的合法权益。共同推进林产品认证工作，不断提高林产品质量。

六、共同加强国际和区域性事务合作

积极参与世界贸易组织（WTO）、世界动物卫生组织（OIE）、国际植物保护公约（IPPC）、国际植物新品种保护公约（UPOV）、濒危野生动植物种国际贸易公约（CITES）等国际性组织和区域性组织的活动，互相支持和配合对方参与国际组织相关法规、标准和指南的制修订工作，做好 WTO 相关通报、咨询、评议等工作；共同落实中央对台港澳有关检验检疫政策。

七、加强沟通和联系，完善协作机制

双方同意每年召开一次联席会议，总结上一年合作进展情况，安排下一年工作计划，处理重大合作事宜。针对具体合作事项，双方可不定期举行技术研讨会、碰头会，或通过电话沟通解决。国家质检总局指定动植物检疫监管司，国家林业局指定造林绿化管理司，作为双方执行本备忘录的日常联络机构。

本合作备忘录如有未尽事宜，双方将以适当方式另行商定。

本合作备忘录于 2014 年 12 月 2 日签署。自签署之日起生效。

国家质检总局　　　　　　　　　国家林业局
2014 年 12 月 2 日　　　　　　　2014 年 12 月 2 日

国家林业局办公室关于实行《国务院办公厅关于进一步加强林业有害生物防治工作的意见》贯彻落实情况月报制度的函

办函造字〔2014〕233号

各省、自治区、直辖市人民政府办公厅：

根据国务院关于加强督查工作的要求和对国发、国办发文件贯彻落实情况实行月报制度的部署，拟对《国务院办公厅关于进一步加强林业有害生物防治工作的意见》（国办发〔2014〕26号，以下简称《意见》）贯彻落实情况实行月报制度。现将有关事项函告如下：

一、月报主要内容

各省、自治区、直辖市为贯彻落实《意见》出台的重要政策、法规、制度、文件等，防治资金的安排、使用，部署和实施的重要工作，召开的重要会议，以及开展的重大行动等涉及全省性的工作情况。

二、报送时间和方式

自2015年1月1日起，每月28日前，将当月贯彻落实《意见》情况，以省级重大林业有害生物防治指挥机构文件报送我局，同时发送电子文稿（电子邮箱：zlsfzc@126.com）。

三、其他要求

（一）各地要明确专人开展月报工作，在首次月报文件中，请确定1名联系人并报送其联系方式。

（二）内蒙古、吉林、黑龙江、新疆等4省（自治区）重大林业有害生物防治指挥机构要分别将内蒙古、吉林、龙江、大兴安岭森工（林业）集团公司，以及新疆生产建设兵团林业局贯彻落实《意见》的情况汇总后，一并报送。

特此函告。

联系人：国家林业局造林司　　赵宇翔

电　话：010-84238502　84238069（传真）

国家林业局办公室

2014 年 12 月 26 日

媒 体 宣 传

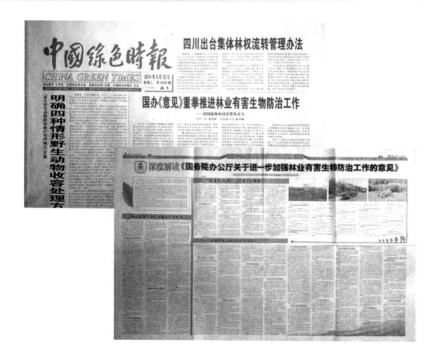

国办《意见》重拳推进林业有害生物防治工作
——访国家林业局分管负责人

中国绿色时报
(2014 年 8 月 12 日)

中国绿色时报 8 月 12 日报道 (本报记者吴兆喆 本报通讯员赵宇翔) 在中央"八项规定"明确提出"要精简文件简报,切实改进文风,没有实质内容、可发可不发的文件、简报一律不发"的情况下,不久前国务院办公厅出台了《关于进一步加强林业有害生物防治工作的意见》(国办发〔2014〕26 号),这一超乎寻常的政策信号表明,我国林业有害生物防治工作形势严峻,必须从部门层面上升到国家政策层面,才能有效保护我国来之不易的林业建设成果。

在当前形势下,《意见》的出台是基于什么样的紧迫现实?经历了哪些过程?重点释放了哪些政策信号?如何加快步伐贯彻落实《意见》?针对这些问题,《中国绿色时报》记者日前专访了国家林业局分管负责人。

问:林业有害生物发生被称为"无烟的森林火灾",不仅危害着林业资源,还影响着国家经济贸易安全和食用林产品安全,制约生态文明建设的进程。国办《意见》在当下出台,是不是表明当前林业有害生物发生的形势十分严峻?

答:确实如此。林业有害生物的危害具有很强的隐蔽性、潜伏性、暴发性和毁灭性。党中央、国务院高度重视,相继对松材线虫病、美国白蛾等重大林业有害生物防治工作进行了部署和要求,一定程度地遏制了林业有害生物高发频发势头。但受气候变化等因素影响,目前林业有害生物发生危害形势依然十分严峻,年均成灾面积占林业总灾害面积的

50.69%，是森林火灾面积的数十倍；年均造成损失高达 1101 亿元，并呈现出传播扩散迅速、控制难度加大、外来林业有害生物入侵加速且危害加重的态势。特别是外来有害生物，几乎每年入侵 1 种，年均造成的损失约占林业有害生物全部损失的 64%，超过了全部有害生物损失的一半。栎树猝死病、白蜡树梢枯病等国外重大植物疫病传入风险极高；舞毒蛾、光肩星天牛等本土有害生物影响着我国每年上亿美元货物的出口。此外，林业鼠（兔）害、主要经济林有害生物危害逐年加重，发生面积成倍增加，防治难度加大。这些对我国林业健康可持续发展和生态文明建设等构成严重威胁。与此同时，一些地区和地方政府仍然存在着对防治工作不重视、责任不落实、政策执行不到位、防治资金投入不足等问题；重大林业有害生物人为远距离和跨省传播扩散仍然没有得到解决，依然严重影响着外贸出口和经济社会的发展；防治行业仍然面临技术落后、化学农药使用仍很普遍的状况，难以达到公众对生态环境质量和食用林产品安全更加迫切的要求，急需加以解决。

国办及时出台《意见》旨在更高层面上部署林业有害生物防治工作，有效遏制林业有害生物高发频发态势，切实保护好国土生态安全、经济贸易安全和食用林产品安全。

事实上，《意见》的出台还得益于党的十八大之后，党中央、国务院对生态文明建设的高度重视，对发展林业、保护国土生态安全、建设生态文明意识和认识的全面提升。习近平总书记在今年参加义务植树时指出，"林业建设是事关经济社会可持续发展的根本性问题"，要"扩大森林面积，提高森林质量，增强生态功能，保护好每一寸绿色"。这既是对林业在实现中华民族伟大复兴中国梦中的作用的肯定，也是对林业有害生物防治提出的新的更高要求。李克强、汪洋等中央领导人也多次对林业有害生物防治工作作出重要批示。

从林业自身角度看，《意见》出台还有着另外一层特殊的意义。当前我国造林绿化工作正在啃"硬骨头"之时，实现"双增"目标，以更大力度开展好林业有害生物防治，保护好现有建设成果，就显得更加突出、更为重要。

问：这样一份涉及生态和民生的"重量级"文件的出台，势必需做好大量的准备工作，凝结了国家林业局党组的智慧和心血。我们了解到，从调研、论证到《意见》出台，历时16个月，这期间究竟经历了什么？《意见》意在解决哪些主要问题？

答：美国学者诺曼·卡曾斯说过，"把时间用在思考上是最能节省时间的事情"。所以，花费16个月推进一项事关生态和民生的大事，时间成本并不高，因为它具有非常重要的意义。

国家林业局为《意见》出台做了大量的准备工作，局党组对此高度重视。尤其是赵树丛局长，他在安徽任副省长时就曾分管这方面的工作，对此有着敏锐、深刻的认识，就任国家林业局局长后，他多次作出相关批示，2013年他再次要求，要进一步协调国办，抓紧出台林业有害生物防治意见。

在不短的16个月中，国家林业局多次组织开展全国林业有害生物防治工作现状的专题调研，多次邀请有关专家对当前林业有害生物防治工作进行了专题研究；在完成《意见》征求意见稿后，向31个省（自治区、直辖市）的林业厅（局）、四大森工集团、新疆生产建设兵团林业局，以及国家林业局相关司局征求了意见；结合上述单位的意见修改后，又两次征求了24个相关部委的意见，修改完善文稿30多次，实实在在地体现了求真务实的工作态度和工作作风，切切实实地说明《意见》出台过程的艰辛和不易。

习近平总书记说，良好的生态环境是最普惠的民生福祉。《意见》的核心内容就是围绕生态与民生展开的，概括而言就是"一条主线、两大目标、三大任务和八项保障措施"。亟须解决的问题主要是明确防治工作的指导思想、工作思路和目标任务；提升灾害预防、预警监测、源头监管能力、应急防治能力和防治社会化程度；解决防治资金投入渠道窄、地方政府防治资金投入严重不足的问题；增强防治基础设施建设和加强防治检疫组织建设；破解现有扶持政策在林业有害生物防治行业的落实瓶颈，并完善相关法规；提高科技支撑能力，强化人才队伍建设；进一步落实地方政府的防治职责，加强部门协作配合，健全构建联防联治机制等。

这份纲领性文件，对于推进我国林业有害生物防治事业发展具有里程碑意义。

问：由此看出，《意见》有几个鲜明的政策信号应当引起高度重视，主要是涉及林业部门自身解决不了的问题，如资金和政策的落实等。对此，《意见》有明确指向吗？

答：这就是我要重点提醒林业部门的内容了。《意见》言简意赅、字字如金，其内涵和深意只有细读、深思才能明白。

《意见》的"一条主线"，就是明确事权、落实责任。为什么要明确事权呢？事权是各级政府以及相应的职能机构处理社会事务的权力，他们要行使职能、权利，就必须赋予他们相应的管理财政收支的权利，也就是说，明确了事权，才能明确财权，进而保证林业有害生物防治工作的资金和政策落实。

党的十八届三中全会《公报》在关于财税改革的内容中明确提出"建立事权和支出责任相适应的制度"，就是强调事权落实中责任的重要性。因为，事权是财权的前提，而财权是事权的保证。

《意见》对落实"事权"和"责任"提出了明确要求，即今后要进一步明确中央与地方、政府与部门、政府与林业经营主体的事权，全面落实政府、部门、林业经营主体三者的责任。

只有明白了事权的内涵，林业部门才能当好本级政府的参谋，推动防治责任的落实，加快防治事业的发展。

这里还要强调的一点就是林业有害生物防治工作的组织领导。组织领导就是要充分发挥地方各级政府的组织协调作用，积极组织各有关部门各负其责地开展林业有害生物防治工作，带动广大人民群众踊跃参与到林业有害生物防治事业中，其重要性不只在于《意见》的贯彻落实，更在于对发展现代林业、建设生态文明的重要意义。

问：您对各级林业部门贯彻落实《意见》还有哪些建议和要求？

答：党的十八届三中全会提出推进国家治理体系和治理能力现代化，这对新形势下林业有害生物防治工作提出了新要求。这就需

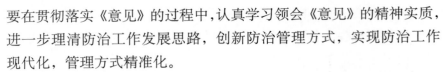

要在贯彻落实《意见》的过程中，认真学习领会《意见》的精神实质，进一步理清防治工作发展思路，创新防治管理方式，实现防治工作现代化，管理方式精准化。

关于贯彻落实《意见》，国家林业局党组高度重视，及时召开局务会进行专题学习，研究部署贯彻落实工作。目前，国家林业局已印发《关于贯彻落实〈国务院办公厅关于进一步加强林业有害生物防治工作的意见〉的通知》，从认识、学习、宣传、组织领导，以及各项措施任务的落实等方面，对各地贯彻落实《意见》提出了具体要求。局办公室专门发文，对各司局、各直属单位贯彻落实《意见》的工作任务进行分工，明确提出确定的工作任务完成情况将纳入司局、直属单位年度工作考核内容。

各地在贯彻落实《意见》的过程中，要把林业有害生物纳入当地的自然生态系统，从更长的时间跨度上、从更完整的综合生态系统管理的角度去认识、去防治，不能就虫论虫、就病论病。防治工作要变被动为主动，变救灾为防灾，将工作重心、重点放在预防上，实行动态管理，做到关口前移；要完善监测预警机制，确保"防早、防小"、"治早、治小"；要加强源头管理，严防疫情传播扩散；要提高应急防治能力，减轻灾害损失；要积极创新防治机制，大力推进社会化防治进程；要增强科技支撑能力，实行科学防治；要积极争取有关部门支持，硬化联防联治机制；要加强组织领导，进一步健全防治目标责任制；要加大宣传培训力度，提升公众生态意识和防治意识。只有这样，才能实现到 2020 年主要林业有害生物成灾率控制在 4‰以下、无公害防治率超过 85%、测报准确率超过 90%、种苗产地检疫率达到 100% 的既定目标。

总而言之，各级林业部门要深刻领会开展林业有害生物防治工作的重要意义，它是提升民生福祉、建设良好的生态环境的需要，是实现"双增"目标和增强碳汇能力的需要，是全面保护森林和促进森林健康的需要，也是发展生态林业和民生林业的需要。只有紧紧围绕现代林业建设大局开展林业有害生物防治工作，才能为实现绿色增长和建设美丽中国提供重要保障。

深度解读《国务院办公厅关于进一步加强林业有害生物防治工作的意见》

中国绿色时报
（2014年9月9日）

中国绿色时报9月9日报道（作者王祝雄 赵宇翔 记者吴兆喆）《国务院办公厅关于进一步加强林业有害生物防治工作的意见》（以下简称《国办意见》）的发布实施，是我国首次从国家层面作出的关于林业有害生物防治工作的重大决策部署，是全面指导当前和今后一个时期林业有害生物防治工作的纲领性文件。这标志着我国林业有害生物防治工作步入了新起点、新阶段，实现了新突破、新跨越。

《国办意见》的印发，充分体现了党中央、国务院对林业特别是林业有害生物防治工作的高度重视，凸显了林业有害生物防治工作在促进生态文明建设中的重要地位和作用。《国办意见》的出台，对有效解决长期制约林业有害生物防治工作科学发展的政策保障、体制机制等方面的问题，扭转林业有害生物灾害多发频发态势，最大限度减轻灾害损失，大幅提高防治工作整体水平，具有至关重要的作用。《国办意见》的实施，有利于促进各级政府和相关部门更加重视、关心、支持防治工作，增强做好防治工作的责任感、使命感，因而对全面推进林业可持续发展和生态文明建设具有重大意义。

为实施好《国办意见》，国家林业局不久前印发了《关于贯彻落实〈国务院办公厅关于进一步加强林业有害生物防治工作的意见〉的通知》，要求各级林业主管部门充分认识贯彻落实《国办意见》的重大意义，扎实做好《国办意见》的学习宣传，认真抓好《国办意见》各项任务要求的全面落实，切实加强贯彻落实《国办意见》的组织领导。

当前，为了深入贯彻落实《国办意见》，深刻领会《国办意见》的主要精神，并解答社会公众关心的问题，即为什么林业有害生物防治工作得到国务院的高度重视？《国办意见》出台的深刻背景是什么？《国办意见》蕴涵了哪些重要政策信息？各有关方面贯彻落实《国办意见》需要从哪些方面着力？为此，国家林业局造林绿化管理司和中国绿色时报社特别组织推出"热点直击·解读国办关于林业有害生物防治工作意见"特别专题，共同推进林业有害生物防治事业跃上新台阶，为美丽中国建设持续发力。

一 、林业有害生物防治事业的里程碑

《国办意见》是继 2002 年《国务院办公厅关于进一步加强松材线虫病预防和除治工作的通知》和 2006 年《国务院办公厅关于进一步加强美国白蛾防治工作的通知》之后，针对近年来林业有害生物发生危害的严峻形势和提升防治工作能力水平的迫切需要，印发的全面加强整体防治工作的又一重要文件，充分体现了党中央、国务院对林业特别是有害生物防治工作的高度重视，对推进我国林业有害生物防治事业发展具有里程碑的意义。

中央高层高度重视的结果

《国办意见》的发布实施是落实中央领导同志批示的重要举措。

党中央、国务院对发展林业、维护国土生态安全、建设生态文明高度重视。林业作为生态文明建设的重要力量，其质与量的发展备受党和国家领导人关注。

习近平总书记强调，保护生态环境就是保护生产力，改善生态环境就是发展生产力。他在今年参加义务植树时指出，"林业建设是事关经济社会可持续发展的根本性问题"，要"扩大森林面积，提高森林质量，增强生态功能，保护好每一寸绿色"。这既是对林业在实现中华民族伟大复兴中国梦中作用的肯定，也是对林业有害生物防治提出的新的更高要求。

"植树造林，绿化祖国，改善生态"是我国长期以来的一项基本国策。然而，当全国森林面积达 31.2 亿亩、森林覆盖率达 21.63%、森林蓄积量达 151.37 亿立方米时，当林业有害生物发生面积超过森林火灾数十倍、年均造成损失超过 1100 亿元时，保护好现有森林资源便显得尤为迫切，其难度不亚于继续啃造林绿化的"硬骨头"，其增汇减排的意义更影响着我国在国际上的声誉和地位。

对于森林资源的保护工作，李克强总理、张高丽副总理都作出过重要批示。李克强总理在国家林业局报送的《关于第八次全国森林资源清查结果的报告》上批示，要"加强清查保护管理，不断提升森林资源总量和质量，为建设生态文明和美丽中国作出新的贡献"。

汪洋副总理对森林资源保护工作的关切更为细致、具体。2014年 3 月 4 日，汪副总理在中国科协的《2013 年生物灾害状况和 2014年预防与控制生物灾害的报告》上作出重要批示，要求高度重视生物灾害的预防和控制工作。他还多次直接问及林业有害生物防治工作的具体情况，仅今年 3 月他就过问过两次。

今年 3 月 5 日，他在参加全国"两会"安徽代表团全体会议上，曾关切地询问："松材线虫病挡住了吗？黄山靠黄山松吃饭，要保护好，否则黄山形象受损。"

3 月 21 日，他在出席全国春季农业生产暨草原森林防火工作会议时，对飞机防治林业有害生物高度重视，详细了解了飞防技术参数、作业效率、作业费用和飞防成效等。

不难看出，《国办意见》的顺利出台，是有效落实中央领导同志批示和指示精神的具体行动。

多个部门协同推进的结果

国家林业局党组高度重视林业有害生物防治工作的开展。在《国办意见》正式出台前，国家林业局经历了详细、周密的调研、论证过程，两次征求 24 个部委的意见，30 多次修改完善文本……《国办意见》出台历时 16 个月。期间得到国办秘书局的悉心指导和国家多个部委的协力支持。

国家林业局局长赵树丛、副局长张永利等局领导更是多次强调林业有害生物防治的重要性，部署、协调推进《国办意见》的出台。

赵树丛局长早在安徽任省委常委、副省长时，就兼任安徽省松材线虫病防治指挥部指挥长，对林业有害生物有着深入的了解。调任国家林业局局长后，对此更是倾注了极大心血。

2012年6月6日，他到国家林业局森林病虫害防治总站调研时指出，林业有害生物灾害监测防控是林业生态建设的重要基础性工作，是林业可持续发展的重要内容，是实现林业"双增"目标的重要保障，要像重视植树造林那样重视林业有害生物防控工作。

2013年1月28日和31日，他连续两次作出重要批示。28日批示要求"关于森林病虫害防治工作，要有一个调研报告，有一个防治规划，有一个国务院办公厅的文件。为明年和'十三五'的森林保护的新项目、新政策做储备和依据"。31日批示要求"对森林病虫害防治要和森林防火、森林抚育同步抓。要学习借鉴农业的一些经验，把监测、预报、预警、防治责任制、财政政策等进一步完善"。

张永利副局长主抓林业有害生物防治工作，倾注了很多时间和精力，开展了大量的调研、组织工作，提出了诸多重要要求。

2012年4月18日，他在"绿盾2012"全国林业植物检疫执法检查行动启动会议上要求，要坚决防止林业有害生物人为传播，切实承担起保护森林资源、维护生态安全的重任，为发展现代林业、促进绿色增长作出更大贡献。

2013年2月28号，他在林业有害生物防治工作座谈会上强调，林业有害生物防治工作是牵一发而动全身的大事，也是当前林业各项工作中相对薄弱的环节，要摆上突出位置，像抓森林防火一样抓好林业有害生物防治，确保防治成效。

国家林业局领导的高度重视，推进了调研起草工作的开展、各方共识的凝聚，为《国办意见》出台指明了方向，提供了依据。不难看出，《国办意见》的顺利出台，是林业等多个部门从大局出发，协力推进的结果。

灾情紧迫呼唤出台高层政策

近些年来，我国林业有害生物发生危机四伏，造成的损失触目惊心，并呈现出加重加剧的趋势，严重威胁着我国的森林资源安全、国土生态安全、经济贸易安全和食用林产品安全，成为影响林业可持续发展、生态文明建设的心腹之患，到了"惊险一跳"的地步，必须配制重度"药方"来破解难题。

国家林业局组织的调研发现，受经济全球化和贸易自由化、人流物流日趋扩大及气候变化等因素的影响，外来林业有害生物入侵我国种类频次增多、传播危害加剧，本土林业有害生物适生范围不断扩大，发生期提前、世代数增加、发生周期缩短。特别是经济林有害生物侵害日趋严重，呈现出"发生种类多、范围广，发生面积和造成损失居高不下，防治难度加大"的趋势。

目前，我国林业有害生物有8000余种，可造成危害的有300多种。如在森林生态系统中，松材线虫病、小蠹虫、天牛等对针叶林，美国白蛾、杨树蛀干害虫等对阔叶林能够造成严重危害；在湿地系统中，水葫芦、薇甘菊、大米草等可形成大面积的单一植物群落，破坏湿地的生物多样性；在荒漠系统中，沙棘木蠹蛾、灰斑古毒蛾等可导致灌木林大面积死亡。加上林业鼠（兔）害对新造林和中幼林的威胁，可谓危害种类繁多、涉及范围广泛。

特别是自2007年以来，我国林业有害生物的发生和造成的危害让人触目惊心。每年发生面积在1.75亿亩以上，是森林火灾面积的数十倍；年均造成损失超过1100亿元。

同时，林业有害生物省际传播扩散迅速。尽管松材线虫病的发生面积、病死树数量连续10年实现了"双下降"，但该病仍然难以根除，并向西向北扩散，仅在2011年至2013年间，在广西、四川、贵州、陕西增加的疫点数几乎占到全国新发疫点数量的50%。在陕西省商洛市山阳县海拔1700～1800米间，年均气温仅7.9℃的地方发现的新疫情，突破了学术界和管理部门原有对松材线虫病适生区的判别范围，凸显了疫情发生的复杂性和防控的艰巨性。

外来林业有害生物入侵加速，危害加重。据统计，入侵我国并能造成严重危害的外来林业有害生物有38种，其中，2000年以来发现的主要入侵种类就达13种，几乎每年1种；年均发生面积约4200多万亩，年均损失700多亿元，约占林业有害生物全部损失的64%。特别是随着普查工作的深入细化，监管防控责任的层层落实，2013年，在黑龙江、海南相继发现松树蜂、椰子织蛾两种重大入侵有害生物。这些新入侵的有害生物受气候、自身适应性等因素影响，其危害性不断变化，有的甚至可能会发展成为比松材线虫病和美国白蛾危害更加严重的种类。近年来我国出入境检验检疫机构每年进境检疫截获有害生物4000多种、50多万次，并将随着我国改革开放的深入发展，全球一体化进程的日益加快，栎树猝死病、白蜡树枯梢病等重大外来有害生物入侵风险将日趋增大。

与民生息息相关的经济林遭受灾情也在所难免。苹果、油茶、竹类等经济林生物灾害不断加剧，在局部地区正由次要有害生物逐步转为主要有害生物。2013年，黄脊竹蝗在南方多省局部地区暴发成灾，发生面积同比增加40%，仅在湖南造成的竹材、竹笋的直接经济损失4500多万元。随着我国经济林产业和林下经济的快速发展，有害生物发生面积、造成损失将呈进一步增大之势。

林业有害生物的危害远不止威胁森林、湿地、荒漠三大生态系统安全，还直接影响着我国的经济贸易安全和食用林产品安全。

在经济贸易安全方面，利用有害生物的传播危害特性设置贸易壁垒，已成为各国普遍采取的手段之一。以美国为首的北美植保组织实施的《来自亚洲舞毒蛾疫区的船舶及船上货物运行管理指南》，极大地影响了我国部分港口业务的开展和产品的出口。据国家质检部门估测，我国每年至少1/5的输美货船、500亿美元的货物受到影响。2010年韩国方面因香蕉穿孔线虫的问题，实行了禁止进口我国南方三省（区）的苗木和花卉的措施，给当地出口苗木、花卉产

品的生产经营者带来重大经济损失。这些以有害生物设置的技术性贸易壁垒，对我国对外贸易和经济发展造成了严重冲击。

在食用林产品安全方面，山野菜、竹笋、食用菌、木本食用油、林果、林下养殖动物等食用林产品越来越受到人们的青睐，在餐桌上的份额越来越重。但是由于我国林业有害生物防治方式、手段、技术等方面还比较落后，使用化学农药的现象还很普遍，造成农药残留、水源污染、土壤污染等有关食用林产品安全的问题，难以适应公众对生态环境质量和食用林产品安全的迫切要求。

由此看出，《国办意见》的出台，既是形势所迫、形势所需，也是全面破解困扰防治事业发展瓶颈的新转折。

二、瞄准防治"靶心"把握文件精髓

《国办意见》以党的十八大和十八届二中、三中全会精神为指导，从建设生态文明和美丽中国的战略和全局高度，提出了加强防治工作的总要求，是从国家层面第一次全面系统部署防治工作，凸显了防治工作在促进生态文明建设中的重要地位和作用。《国办意见》的出台，对促进各级政府和相关部门进一步重视、支持林业有害生物防治工作，有效解决长期制约防治工作的政策保障问题和体制机制问题，彻底扭转有害生物灾害多发频发态势，有效保障林业可持续发展和生态文明建设成果具有至关重要的作用。

指导思想要点突出

《国办意见》明确提出林业有害生物防治工作的指导思想：以邓小平理论、"三个代表"重要思想、科学发展观为指导，认真学习领会党的十八大和十八届二中、三中全会精神，贯彻落实党中央、国务院的决策部署，以减轻林业有害生物灾害损失、促进现代林业发展为目标，政府主导，部门协作，社会参与，加强能力建设，健全管理体系，完善政策法规，突出科学防治，提高公众防范意识，为实现绿色增长和建设美丽中国提供重要保障。

指导思想虽然文字不多，但要点突出，内涵深刻，是整个文件的纲领，阐明了林业有害生物防治工作的思想遵循、基本思路、目标要求和任务措施，解决了防治工作目标任务不清晰、措施保障不给力的问题。具体可分解为如下几个重要方面：

基本要求：以邓小平理论、"三个代表"重要思想、科学发展观为指导，认真学习领会党的十八大和十八届二中、三中全会精神，贯彻落实党中央、国务院的决策部署。这是进一步加强林业有害生物防治工作的基本思想遵循，也是贯彻落实好《国办意见》必须坚持的根本前提。

总体目标：以减轻林业有害生物灾害损失、促进现代林业发展为目标。这是贯彻落实好《国办意见》必须坚持的基本方向。

主要途径：政府主导，部门协作，社会参与。这是贯彻落实好《国办意见》必须坚持的基本方法。

重点任务：加强能力建设，健全管理体系，完善政策法规，突出科学防治，提高公众防范意识。这是贯彻落实好《国办意见》必须重点开展的工作。

基本作用：为实现绿色增长和建设美丽中国提供重要保障。这是对林业有害生物防治工作作用的精确定位。

核心内容一二三八

《国办意见》的核心内容层次分明、重点突出，概括起来就是：一条主线、两大目标、三大任务和八项保障措施。

一条主线：即明确事权和落实责任。明确的是中央与地方、政府与部门、政府与林业经营主体的事权，落实的是政府、部门、林业经营主体三者的责任。这是国务院出台《国办意见》的出发点和落脚点，也是贯穿整个《国办意见》内容的主线，更是学习贯彻好《国办意见》应当时刻牢记的关键所在。

两大目标：即服务保障能力建设目标和灾害控制目标。前者设定的是定性目标，到 2020 年林业有害生物监测预警、检疫御灾、防治减灾体系全面建成，防治检疫队伍建设得到全面加强；后者设定的是定量目标，主要林业有害生物成灾率控制在 4‰ 以下，无公害防治率超过 85%，测报准确率超过 90%，种苗产地检疫率达到100%。前者是后者的基础和前提，后者是前者的目标和要求，二者相互联系、相互统一。

三大任务：即加强灾害预防、应急防治和社会化防治。这是对林业部门自身工作提出的主要任务和总体要求。

八项保障措施：即资金投入、扶持政策、法规制度、科学技术、人才队伍、部门协作、联防联治和政府责任。这是对各级政府、相关部门支持和加强林业有害生物防治工作的总体部署，确保防治工作目标、任务得到全面落实的基本保障。

任务艰巨　责任重大

《国办意见》提出灾害预防、应急防治和社会化防治三大任务，其主要内含 18 项具体任务。

灾害预防任务 7 项：组织编制林业有害生物防治发展规划；建设监测网络平台、开展灾害评估；组织林业有害生物普查；确定林业检疫性和危害性有害生物名单；实施营造林等治本措施；开展检疫监管、检疫追溯、检疫审批；对接市场。

以上任务重点解决当前监测预警工作重点不突出、任务不明确，营造林等治本措施运用程度不高，检疫监管不到位，检疫法规执行不严格，市场机制和社团组织作用发挥不够，灾害预防整体工作滞后等问题。

应急防治任务 4 项：完善突发林业有害生物灾害应急预案，建立应急工作机制和制度；开展应急组织、队伍、设施设备建设和药剂储备；开展防治技能培训和应急演练；推广运用先进技术手段。

以上任务重点解决应急防治制度和应急防治体系不健全、应急响应和处置能力不强、应急防治技术手段落后等问题。

社会化防治任务 7 项：扶持和发展社会化防治组织；引导实施

无公害防治；开展政府向社会化防治组织购买疫情除治、监测调查等服务的试点工作；提供技术服务和政策支持；开展社会化防治组织和从业人员的管理与培训；完善防治作业设计、防治质量与成效评定方法与标准；支持防治行业协会、中介机构发展。

以上任务重点解决社会化防治组织少，防治市场化程度低，专业化统防统治和区域化防治程度不高，政府向社会化防治组织购买服务工作滞后，社会化防治组织管理制度和有关规范标准不健全等问题。

协同配合　保障到位

《国办意见》提出的8项保障措施主要包括资金投入、扶持政策、法规制度、科技支撑、队伍建设和组织领导等，主要针对的是林业有害生物防治工作中林业部门自身解决不了，需要地方政府、各有关部门落实和配合的工作。其主要解决的问题包括9个方面：林业有害生物防治资金严重不足、现有相关扶持政策落实难覆盖、依法防治能力不强、科技支撑力不足、防治检疫组织和专业队伍建设不完善、防治责任落实不到位、防治基础设施设备建设滞后、部门协作配合和联防联治机制急需加强。

9个方面的问题，8项措施一对一地提出了解决办法，出台了相应的政策措施。

针对防治资金严重不足问题，《国办意见》提出：

——地方人民政府要将林业有害生物普查、监测预报、植物检疫、疫情除治和防治基础设施建设等资金纳入财政预算，加大资金投入；

——中央财政要继续加大支持力度，重点支持松材线虫病、美国白蛾等重大林业有害生物以及林业鼠（兔）害、有害植物防治；

——积极引导林木所有者和经营者投资投劳开展防治；

——进一步推进森林保险工作；

——风景名胜区、森林公园等的经营者要根据国家有关规定，从经营收入中提取一定比例的资金用于林业有害生物防治。

针对现有相关扶持政策落实难覆盖问题，《国办意见》提出：

——防治需要的相关机具列入农机补贴范围；

——支持通用航空企业拓展航空防治作业；

——按照国家有关规定落实防治作业人员接触有毒有害物质的岗位津贴和相关福利待遇；

——探索建立政府购买防治服务机制；

——贷款、税收等金融支持政策。

针对依法防治能力不强问题，《国办意见》提出：

——研究完善林业有害生物防治、植物检疫方面的法律法规；

——制订和完善防治作业设计、限期除治、防治成效检查考核等管理办法；

——推动地方防治检疫条例、办法的制（修）订，研究完善具体管理办法；

——国务院林业主管部门要制订和完善检查考核办法；

——加大执法力度，依法打击和惩处违法违规行为。

针对科技支撑力不足问题，《国办意见》提出：

——加大国家和地方相关科技计划（基金、专项）的支持力度；

——加快以企业为主体、产学研协同开展防治技术创新和推广工作；

——加强国际交流合作。

针对防治检疫组织和专业队伍建设不完善问题，《国办意见》提出：

——加强防治检疫组织建设，加强防治专业技术人员的配备；

——强化培训教育；

——支持森林保护、植物保护等相关专业学科建设；

——积极引进和培养高层次、高素质的专业人才。

针对防治责任落实不到位问题，《国办意见》提出：

——实行"谁经营、谁防治"的责任制度；

——地方各级人民政府要进一步健全重大林业有害生物防治目标责任制，将林业有害生物成灾率、重大林业有害生物防治目标完成情况列入政府考核评价指标体系；

——实行地方人民政府行政领导负责制，根据实际需要建立健全临时指挥机构。

针对防治基础设施设备建设滞后问题，《国办意见》提出：

——将林业有害生物灾害防治纳入国家防灾减灾体系；

——地方各级人民政府要将防治基础设施建设纳入林业和生态建设发展总体规划，重点加强航空和地面防治设施设备、区域性应急防控指挥系统、基层监测站（点）等建设；

——加强必要的应急防治设备、药剂储备。

针对部门协作配合需要加强问题，《国办意见》提出：

——农业、林业、水利、住房城乡建设、环保等部门要加强所辖领域的林业有害生物防治工作；

——交通运输部门要对未依法取得植物检疫证书的禁止运输、邮寄；

——民航部门要加强对从事航空防治作业企业的资质管理，规范市场秩序；

——工业和信息化、住房城乡建设等有关部门要把好涉木产品采购关，要求供货商依法提供植物检疫证书；

——出入境检验检疫部门要加强和完善外来有害生物防控管理；

——农业、质检、林业、环保部门要按照职责分工和"谁审批、谁负责"的原则，严格植物检疫审批和监管工作，协同做好《国际植物保护公约》、《生物多样性公约》履约工作。

针对联防联治机制不健全问题，《国办意见》提出：

——相邻省（自治区、直辖市）间要加强协作配合，建立林业有害生物联防联治机制，健全相关制度；

——联合开展防治作业和检查验收工作；

——加强疫区和疫木管理；

——国务院林业主管部门要加强对跨省（自治区、直辖市）林业有害生物联防联治的组织协调。

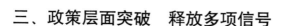

三、政策层面突破　释放多项信号

《国办意见》从我国林业有害生物防治工作的实际出发，强化了政策措施在防治工作中的支撑作用，进一步明确并着重强调了涉及林业有害生物防治领域相关政策的制订与执行，为发展生态林业、民生林业提供了动力、注入了活力。特别是多项国家政策层面的突破所释放的信号，指明了我国林业有害生物防治工作发展方向。

明确防治事权与支出责任

《国办意见》最基本的出发点和最根本的落脚点就是"明确事权、落实责任"。具体体现在以下条目：

第1条明确"政府主导，部门协调，社会参与"；

第3条明确"林业主管部门要加强对林业有害生物防治的技术指导、生产服务和监督管理，组织编制林业有害生物防治发展规划"、"实行国家和地方分级管理"；

第5条明确"从事森林、林木经营的单位和个人要积极开展有害生物防治"；

第6条明确"地方人民政府要将林业有害生物普查、监测预报、植物检疫、疫情除治和防治基础设施建设等资金纳入财政预算"、"中央财政要继续加大支持力度"、"积极引导林木所有者和经营者投资投劳开展防治"；

第11条明确"林业有害生物防治实行'谁经营、谁防治'的责任制度，林业经营主体要做好其所属或经营森林、林木的有害生物预防和治理工作"、"地方各级人民政府要进一步健全重大林业有害生物防治目标责任制"、"在发生暴发性或危险性林业有害生物危害时，实行地方人民政府行政领导负责制"；

第12条明确"加强部门协作配合"，着重明确了农业、林业、水利、住房城乡建设、交通运输、民航、工业和信息化、质检等部门事权，要求"各有关部门要切实加强沟通协作，各负其责、依法履职"。

事权，是各级政府以及相应的职能机构处理社会事务的权力。在政府间财政关系中，主要有事权、财权、财力三要素。明确了事权，才能明确财权，财权和财力都是为履行特定事权服务的手段。事权是财权的前提，财权是事权的保证。因此，明确事权，才能保证林业有害生物防治资金、政策、任务、措施的全面落实。

《国办意见》的突出亮点是从政策层面上破解单一由林业部门开展林业有害生物防治难题。林业有害生物防治工作具有鲜明的公益性和公共事务性，具有涉及面广、涉及部门多、系统性强的特点，单靠林业部门很难完成这一工作，必须在政府的统一领导和协调下，多部门协同防治、共同治理，才能确保有害生物防控工作的全面性。从近年来全国的防治成效来看，凡是政府重视并组织开展防治工作的地方，林业有害生物防治工作均取得了明显成效，这也是近年来林业有害生物严重发生危害的严峻形势得到一定程度控制的主要原因。实践证明，只要认真坚持政府主导、属地管理的原则，全面落实地方政府和林业部门"双线"责任制，林业有害生物防治工作就能取得实效。

此外，据国家林业局组织的调研发现，当前制约林业有害生物防治工作有效开展的因素，除地方政府和部门对防治工作重视不够外，还存在企业、社会组织等参与程度低的问题。特别是集体林权制度改革后，林农对防治市场的需求和抗御灾害风险的需求与现有生态服务保障能力不相适应的状况更为突出。

因此，明确事权、落实责任的深意就在于明确中央与地方、政府与部门、政府与林业经营主体的事权，落实政府、部门、林业经营主体三者的责任。只有明确了事权，才能落实《国办意见》确定的各主体的防治责任，才能落实好《国办意见》提出的各项措施，才能有效解决长期制约防治工作发展的政策保障问题和体制机制问题，彻底扭转有害生物灾害多发频发态势，大幅提升整体防治工作水平。

同时，上述条目的相关规定还阐明了中央、地方、部门、社会等各层级层次的支出责任。其中，第6条"中央财政要继续加大支

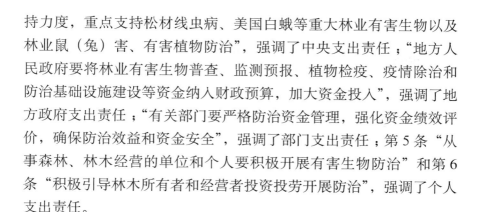

持力度，重点支持松材线虫病、美国白蛾等重大林业有害生物以及林业鼠（兔）害、有害植物防治"，强调了中央支出责任；"地方人民政府要将林业有害生物普查、监测预报、植物检疫、疫情除治和防治基础设施建设等资金纳入财政预算，加大资金投入"，强调了地方政府支出责任；"有关部门要严格防治资金管理，强化资金绩效评价，确保防治效益和资金安全"，强调了部门支出责任；第 5 条"从事森林、林木经营的单位和个人要积极开展有害生物防治"和第 6 条"积极引导林木所有者和经营者投资投劳开展防治"，强调了个人支出责任。

明确地方财政预算

《国办意见》第 6 条明确"地方人民政府要将林业有害生物普查、监测预报、植物检疫、疫情除治和防治基础设施建设等资金纳入财政预算，加大资金投入"。

落实地方财政预算是防治事权的具体要求，是切实落实支出责任的具体体现，是彻底改变过去防治经费主要靠中央财政投入出台的一项重要措施。

近年来，受劳动力价格上涨、有害生物发生持续加重、无公害防治需求增加等因素影响，防治成本逐年增大，防治经费不足的问题，成为当前制约防治工作全面、有效开展最为突出的问题之一。

目前，社会各界对防治药剂安全问题越来越关注，对采取无公害防治措施的需求也越来越迫切。各地在防治过程中，使用价格较高的环境友好型药剂，造成了防治成本不断加大。

根据试验测算，防治 1 亩林地，仅药剂费对比，使用生物农药（或者天敌）所需费用比化学农药贵 5 元左右。按照"十二五"期间全国林业有害生物年均防治面积 1.4 亿亩计算，每年若使用生物农药（天敌）开展防治，经费缺口就达 7 亿元。国家级中心测报站（点）的工作运行经费，中央财政每年补助 3 万元，仅为实际需要的 30%。在防治基础设施建设资金投入方面，主要依靠的是中央预算内资金，地方虽有配套资金，但比例小、兑现难，远远不能满足实际需要。

因此，只有通过落实防治事权和支出责任，积极推动地方政府加大投入，减轻中央政府的负担，才能破解防治资金严重不足的状况。

集中明确扶持政策

《国办意见》第 7 条明确"将防治需要的相关机具列入农机补贴范围""按照国家有关规定落实防治作业人员接触有毒有害物质的岗位津贴和相关福利待遇""支持通用航空企业拓展航空防治作业""支持符合条件的社会化防治组织和个人申请林业贴息贷款、小额担保贷款，落实相关税收支持政策"。

近年来，党中央、国务院出台了多项强农惠农扶持政策，如农机具购置补贴政策、有毒有害保健津贴政策、农产品质量安全和食品安全追溯政策、专业化统防统治等。这些政策无一不与林业有害生物防治工作有关，但一些地方在执行中，由于认识上的偏差，没有完全把林业涵盖在内，造成林业有害生物防治领域未能享受到这些政策。

《国办意见》集中明确与防治领域有关的扶持政策，有利于确保相应的政策不仅覆盖到而且落实到林业有害生物防治上。

硬化政府防治目标责任制

《国办意见》第 11 条明确"进一步健全重大林业有害生物防治目标责任制，将林业有害生物成灾率、重大林业有害生物防治目标完成情况列入政府考核评价指标体系"、"在发生暴发性或危险性林业有害生物危害时，实行地方人民政府行政领导负责制"。

我国在 2009 年开始探索以与地方人民政府签订责任书为载体建立政府防治目标责任制。这一年，经国务院同意，国家林业局与江苏、浙江、安徽等 20 个发生与预防松材线虫病的省（自治区、直辖市）人民政府签订了《2008-2010 年松材线虫病防治（预防）目标责任书》；此后于 2011 年，经国务院同意，国家林业局与全国 31 个省（自治区、直辖市）人民政府签订了《2011-2013 年松材线虫病等重大

林业有害生物防控目标责任书》。两轮责任书的签订和实施，对促进地方政府重视林业有害生物防治工作，加强指挥领导，建立政府和林业部门"双线"防治责任制，增加防治资金投入起到了积极作用，取得了显著成效。特别是 2011-2013 年防控目标责任书的签订，对推动林业有害生物防治整体工作的作用更为显著，全国林业有害生物严重发生危害的形势得到一定程度的遏制。2010 年至 2013 年连续 4 年保持松材线虫病疫点数量、发生面积和病死树株数"三下降"；美国白蛾基本实现了有虫不成灾的控制目标；鼠兔害在部分省区发生面积下降、危害减轻；薇甘菊等有害植物扩散蔓延有所遏制；杨树蛀干害虫发生面积大幅度下降；松毛虫发生面积持续多年在低位波动。

6 年多的实践证明，政府防治目标责任制的实施，对推动林业有害生物防治工作发挥了至关重要的作用。

《国办意见》将防治目标责任制硬化为国家要求，为进一步落实防治工作的政府责任，彻底打赢林业有害生物防治持久战，维护森林资源安全、促进可持续发展提供了强大后盾。

就当前而言，提高政府绩效是政府改革的重要目标之一。将林业有害生物成灾率、重大林业有害生物防治目标完成情况纳入政府考核评价指标体系，不仅有利于改善个别地方政府和部门对防治工作重视不够、责任不落实、政策执行不到位的现象，而且也是实现政府绩效管理的主要内容之一。

强化防治任务目标考核

《国办意见》第 8 条明确"国务院林业主管部门要制定和完善检查考核办法，对防治工作中成绩显著的单位和个人，按照国家有关规定给予表彰和奖励；对工作不到位造成重大经济和生态损失的，依法追究相关人员责任"。

习近平总书记强调，要建立领导干部责任追究制度，对那些不顾生态环境盲目决策、造成严重后果的人，必须追究其责任，而且应该终身追究。这是我们党在生态文明建设方面的制度创新，也是完善领导干部责任追究制度的重大举措，必将进一步增强各级领导干部推进生态文明建设的自觉性和主动性。

落实政府防治目标责任制，做好林业有害生物防治工作，必须以健全考核制度作保障，必须以抓实考核结果促发展。

强化考核工作，兑现考核结果，可极大地促进各级领导干部提高认识、理清思路、提振精神、狠抓落实，确保林业有害生物防治各项任务措施落到实处。

2011 年，经国务院同意，国家林业局制订印发了《松材线虫病防治（预防）目标责任考核办法》，检查考核了与有关省级人民政府签订的《2008-2010 年松材线虫病防治（预防）目标责任书》履责情况，并通报了考核结果。这一措施的实施，有力地促进了省级人民政府《2011-2013 年松材线虫病等重大林业有害生物防控目标责任书》的实施。

当前，为贯彻落实《国办意见》中提出的"制定和完善检查考核办法"的要求，国家林业局正在修订《松材线虫病防治（预防）目标责任考核办法》，并在经国务院同意后，出台《松材线虫病等重大林业有害生物防治目标责任考核办法》。这将成为今后落实政府防治目标责任制的重要抓手。

纳入国家防灾减灾体系

《国办意见》第 7 条明确"将林业有害生物灾害防治纳入国家防灾减灾体系"。

林业有害生物灾害同洪涝、干旱和地质灾害，以及台风、风雹、高温热浪、海冰、雪灾、森林火灾等灾害一样，属于自然灾害范畴，但也具有人为灾害特征，如因人为造成有害生物传播所导致的生物灾害等。林业有害生物灾害同样需要抗灾救灾、防灾减灾。因此，同样需要纳入防灾减灾体系，作为其中重要组成，予以同等重视，抓好落实。

在我国，政府在防灾减灾中承担着主导作用，这是我国的国情和优势。在林业有害生物灾害防治中，政府同样起着主导作用。上世纪 80 年代，国务院相继制订和出台了《森林病虫害防治条例》和《植物检疫条例》。按照两个"条例"的有关规定，从中央到地方，各级人民政府均开展了防治检疫体系的建设。中央财政每年安排一定的防治检疫资金，用于林业有害生物监测预警、检疫御灾、防治减灾体系建设，虽资金有限，但对促进防治检疫体系建设和控制有害生物发生危害起到了积极的作用。一些经济发展水平较好的省份，每年也能够安排一定的防治检疫资金，但绝大部分地区主要依靠中央财政下达的资金。随着我国社会、经济的不断发展，特别是 2000 年以后，林业有害生物防治资金投入量得到较大幅度的增加，林业有害生物监测预警、检疫御灾、防治减灾体系建设得到加强，但一直未单独明确纳入到国家防灾减灾体系。

当前和今后一个时期，林业部门在贯彻落实《国办意见》过程中，应积极协调发展改革等部门，将林业有害生物灾害防治纳入国家防灾减灾体系，将林业有害生物监测预警、检疫御灾、防治减灾体系建设纳入到地方防灾减灾规划中，以有效应对林业有害生物灾害，最大限度减轻灾害损失，保障国土生态安全。

重视加强防治组织建设

《国办意见》第 2 条明确，到 2020 年要使"防治检疫队伍建设得到全面加强"；第 10 条明确"各地区要根据本地林业有害生物防治工作需要，加强防治检疫组织建设，合理配备人员力量，特别是要加强防治专业技术人员的配备""支持高等学校、中职学校、科研院所的森林保护、植物保护等相关专业学科建设，积极引进和培养高层次、高素质的专业人才"。同时，《国办意见》特别强调了"组织领导"，将"加强组织领导"单独列章，强化林业有害生物防治工作的组织保障。

强化组织建设是开展林业有害生物防治工作的根本保障，是壮大防治人才队伍、提升防治人才素质的重要前提，是完善防治工作机制、增强干部防治意识的重大举措，直接影响着林业有害生物防治工作的凝聚力和向心力。

上世纪 80 年代，按照国务院颁布的《森林病虫害防治条例》和《植物检疫条例》，我国各级政府开展了林业有害生物防治组织体系的建设，中央财政也相应安排了一定资金支持这一建设。随着市场经济的发展变化，特别是进入 2000 年以后，尽管林业有害生物防治工作所需人、财、物稳步增加，但是依然与防治工作实际需求相差很大，制约了防治体系建设和防治队伍的稳定加强，暴露出防治检疫机构不健全、基层队伍力量薄弱、社会参与程度亟待提高等诸多问题。

我国林业有害生物防治机构应确立一种纵向与横向相结合、行政与专业相结合，并且与之履行职责、承担任务相适配的组织架构和治理体系。在未来一段时间，林业部门应积极协调机构编制、人力资源社会保障等有关部门，切实研究解决防治检疫组织建设中的重大问题，确保做到组织构架、人员力量、监管体系与本地区防治任务相适应，以充分发挥防治检疫机构职能作用；各地防治机构应着力提高林业植物保护等相关专业人员比例，加强教育培训，提高工作人员的防治管理水平和服务能力，为全面加强林业有害生物防治工作奠定坚实基础。

同时，各地还需强化基层防治检疫机构基础能力建设，力争 3 年内在全国建成 500 个县级示范局（站）；各省级林业主管部门应结合实际，分级分区域制订县级示范局（站）建设标准，抓实抓好一批示范局（站）建设，充分发挥其示范带动作用；应高度重视林业有害生物防治减灾教育宣传基地、科普基地建设，使之成为公众了解防治知识、增强防治意识的平台；应认真制订培训计划，逐级定期开展防治技术培训，突出提高基层技术人员、乡村兼职测报员和林农的防治技能。

着力强化依法防治

《国办意见》第 8 条明确"研究完善林业有害生物防治、植物检疫方面的法律法规"、"各地区要积极推动地方防治检疫条例、办法的

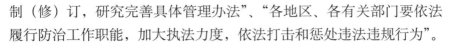

制（修）订，研究完善具体管理办法"、"各地区、各有关部门要依法履行防治工作职能，加大执法力度，依法打击和惩处违法违规行为"。

我国是法治国家，在防治林业有害生物的立法方面，积极开展了多项卓有成效的工作，先后制定和颁布了《中华人民共和国森林法》《中华人民共和国植物检疫条例》《中华人民共和国森林病虫害防治条例》等，初步构建了林业有害生物防治法律法规的基本框架。但在林业有害生物防治执法上，一些地方依然存在认识不够、思想保守、方法简单、手段落后、处罚不严、执行不力等问题。因此，在未来林业有害生物防治工作中，必须严格执行相关法律法规，真正做到有法必依、执法必严、违法必究，让防治工作始终在法治化的轨道上运行。

当前，各省级林业部门应积极协调省人大、省政府，加强地方林业有害生物防治检疫法规建设。尚未出台地方防治检疫条例的，应尽快启动制订工作；已经制订的，应根据新形势、新情况做好修订完善工作。

推进政府购买防治服务

《国办意见》第 5 条明确"开展政府向社会化防治组织购买疫情除治、监测调查等服务的试点工作"；第 7 条明确"探索建立政府购买防治服务机制"。

党的十八大强调，要加强和创新社会管理，改进政府提供公共服务方式。新一届国务院对进一步转变政府职能、改善公共服务作出重大部署，明确要求在公共服务领域更多利用社会力量，加大政府购买服务力度。

2013 年 9 月 26 日，国务院办公厅专门印发《关于政府向社会力量购买服务的指导意见》（国办发〔2013〕96 号），要求要牢牢把握加快转变政府职能、推进政事分开和政社分开、在改善民生和创新管理中加强社会建设，进一步放开公共服务市场准入，改革创新公共服务提供机制和方式，推动中国特色公共服务体系建设和发展，努力为广大人民群众提供优质高效的公共服务。

李克强总理也曾在 2013 年指出，要创新公共服务提供方式，更多地利用社会力量，加大购买基本公共服务的力度。凡适合市场、社会组织承担的，都可以通过委托、承包、采购等方式交给市场和社会组织承担，政府办事不养人、不养机构。

在林业有害生物防治工作中推行政府向社会力量购买防治服务，是创新防治公共服务提供方式、加快市场发展、引导有效需求的重要途径，对于深化林业有害生物防治工作改革，推动政府职能转变，整合利用社会资源，增强公众参与意识，激发经济社会活力，增加公共服务供给，都具有重要意义。

《国办意见》所强调的政府向社会力量购买服务，就是通过发挥市场机制作用，把原本由政府直接向社会提供的林业有害生物防治的公共服务事项，按照一定的方式和程序，交由具备条件的社会力量承担，并由政府根据服务数量和质量向其支付费用。

因此，在林业有害生物防治过程中，地方各级人民政府应结合实际需求，因地制宜、积极稳妥地推进政府向社会力量购买服务工作，特别是加快推进政府购买防治作业服务、监测调查、灾情评估服务。应积极创新和完善公共服务供给模式，不断提高社会力量和公众的参与度，确保林业有害生物防治多项工作有人抓、有人办、落实处。

在 2014 年 7 月 29 日国家林业局召开的全国推进林业改革座谈会上，部署了在全国开展政府向社会购买防治服务试点工作。这标志着政府向社会购买防治服务已列入国家林业局重要工作日程，以加快政府购买防治服务机制的建立，积极推动政府购买防治服务工作进程。

明确划定部门防治责任

《国办意见》第 12 条明确"加强部门协作配合"，"各有关部门要切实加强沟通协作，各负其责、依法履职"，并着重对农业、林业、水利、住房城乡建设、环保、交通运输、民航、工业和信息化、出入境检验检疫等部门提出了新的要求。

根据《国办意见》，未来一段时间，林业部门应努力争取相关部门理解和支持，重点协调推动发展改革、财政部门，以及税收、金融机构落实好《国办意见》中的有关资金政策和扶持政策；协调推动农业、水利、住房城乡建设、环境保护等部门，以及风景名胜区、森林公园等经营主体切实履行防治工作职责，制订本行业、本系统和经营范围的防治工作方案，加大执行与监管力度；通过建立防治工作联席会议制度等，加强与交通运输、民航、工业和信息化、住房城乡建设等部门沟通，协同开展检疫检查工作，重点加强与出入境检验检疫机构协作，严防外来有害生物入侵危害；适应集体林权制度改革后的新形势，积极督导落实营造林企业、林业专业合作组织、造林大户、个体林农等林业经营主体的防治责任。其中：

关于农业和林业部门间就植物检疫工作的协调配合，上世纪90年代就有明确分工，即林业部门具体负责造林绿化苗木检疫，农业部门具体负责粮油、农作物和蔬菜检疫。对有争议的水果、花卉、中药材的检疫，1997年国务院办公厅专门下发《关于水果、花卉、中药材等植物检疫工作分工问题的函》予以明确，要"在植物检疫工作中，各地方农业林业部门的植物检疫机构应当密切配合，互相承认检疫证明，不得重复检疫，重复收费"。

关于林业与出入境检验检疫机构协作，防范外来有害生物入侵方面，国家林业局专门印发了《引进林木种子、苗木检疫审批与监管规定》，加强和改进了国外引进林木种子、苗木检疫审批与监管工作，强调了与出入境检验检疫机构协作配合，协同防范外来有害生物入侵工作。

突出强调联防联治

《国办意见》第13条明确"相邻省（自治区、直辖市）间要加强协作配合，建立林业有害生物联防联治机制，健全值班值守、疫情信息通报和定期会商制度，并严格按照国家统一的技术要求联合开展防治作业和检查验收工作"，"国务院林业主管部门要加强对跨省（自治区、直辖市）林业有害生物联防联治的组织协调，确保工作成效"。

林业有害生物联防联治是指相邻省级行政区间实施轮流值班、信息通报等制度，协同开展防治方案制订、疫情调查、灾害防治、应急处置、效果检查等工作。实践证明，开展重大林业有害生物联防联治，是提高整体防治效果的成功组织形式。

《国办意见》强调"联防联治"，旨在推动建立省际、部门间的联动机制，更好地解决毗邻地区和插花地带有害生物防治问题，解决有害生物跨区发生的防治难题，进而提升整体防治效果。

在联防联治过程中，既要有效开展林业有害生物治理工作，更要协同加强源头控制管理，建立疫情传播责任追溯联动机制，特别是对必须实施除害的木质包装材料要加强联动监管、形成合力，全方位阻截林业有害生物传播扩散。

明确风景名胜区、森林公园等经营者责任

《国办意见》第6条明确"风景名胜区、森林公园等的经营者要根据国家有关规定，从经营收入中提取一定比例的资金用于林业有害生物防治"。

风景名胜区、森林公园基本色调是绿色，基本构建元素是森林、树木，《国办意见》明确其经营者的责任，就是要求相关经营主体增强防治林业有害生物防治的自觉、自主意识，用实际行动履行林业有害生物防治工作的职责，共同"保护好每一寸绿色"。另一方面也有利于探索林业有害生物综合治理的社会化、专业化及其融合推进的新途径，推动全社会整体防治工作取得新突破。

当前，我国《森林公园管理办法》已规定，"森林公园经营管理机构应当按照林业法规的规定，做好植树造林、森林防火、森林病虫害防治、林木林地和野生动植物资源保护等工作"。

《国办意见》的发布，将在更大力度上促进风景名胜区、森林公园等经营主体切实履行防治工作职责，制订相关防治方案，加大防治力度，确保林业生态建设特别是公园、景区等重点生态区域的森

林生态景观能够更加有效地为美丽中国增色添彩。

积极推行森林保险

《国办意见》第 6 条明确"进一步推进森林保险工作，提高防范、控制和分散风险的能力"。

森林保险作为增强林业风险抗御能力的重要机制，有利于减少林业投融资风险，提高林业经营主体的抗御风险能力，促进生态林业、民生林业的发展。

在林业有害生物防治领域，由于有害生物对林木及其果叶产品所造成的损失较难评估，目前保险公司承保该类业务的积极性不高，开展林业有害生物灾害保险业务不多。

《国办意见》提出推进森林保险工作，就是要求我国林业部门与保险部门共同建立和完善林业有害生物灾害损失评估体系，为灾害理赔和救助提供科学依据；充分研究、论证，加大对保险的政策扶持力度，鼓励保险公司开设相应险种；探索建立林业生物灾害保险理赔模式，简化理赔手续，缩短理赔时限，最大限度地减少林农损失，保护林农利益；多形式地提高林业经营主体参与投保的意识，有力推进森林保险工作的有效开展。

四、贯彻落实《国办意见》林业履职尽责

林业有害生物防治工作事关现代林业发展大计。《国办意见》确定了林业主管部门在林业有害生物防治工作中的职责和任务，指明了当前和今后一个时期防治工作重点。各级林业主管部门应当紧紧围绕《国办意见》部署的任务，认真履行职责，谋划好、落实好三大防治任务，协调好、推进好八项保障措施的有效落实。

科学定位林业部门防治职责

《国办意见》第 3 条要求"林业主管部门要加强对林业有害生物防治的技术指导、生产服务和监督管理，组织编制林业有害生物防

治发展规划"。

各级林业主管部门肩负着直接为各级党委、政府提供林业有害生物防治宏观决策依据的重要职责，扮演着政府"参谋""助手"的角色，发挥着"排头兵""战斗队"的作用。

《国办意见》中强调的技术指导、生产服务、监督管理和编制规划，是对林业主管部门防治工作职责的定位和要求。其一体现了事权划分的原则；其二提出对林业主管部门工作的要求；其三明确了政府、部门、林业经营主体各负其责的内涵。

在组织编制林业有害生物防治发展规划方面，当前，各级林业主管部门应结合林业发展"十三五"规划编制工作，抓紧研究提出本地区"十三五"林业有害生物防治建设目标、建设体系和年度任务安排，把有害生物防治作为重要内容纳入本地区林业"十三五"规划中，体现应有的工作地位，取得更好的工作条件。

预防为主减轻灾害损失

《国办意见》第3条突出强调了"强化灾害预防措施"。

预防就是针对灾害形成前预先实施的防范措施。结合当前我国林业有害生物防治工作实际，《国办意见》着重强调了监测预警、有害生物分级管理、营造林等治本措施，以及林业植物检疫等关键性预防措施。

在监测预警方面，重点坚持预防为主方针，落实普查制度，同时抓好第三次全国林业有害生物普查的各项准备和实施工作，为预测预警、科学防治，确保"防早防小"提供决策依据；认真落实监测预报制度，切实加快建立人工、诱引等为主的地面监测与航天、航空遥感等为主的空中监测相结合的立体监测平台，突出抓好深山区、密林区、偏远地区等区域的灾情监测，努力提高预报预警的精细化水平；加快监测网络平台建设，建立健全专、兼职测报员体系，力争到2020年，每个村至少有一名兼职测报员；设立林业有害生物灾情公众报告平台，拓宽疫情灾情发现途径。

在有害生物分级管理方面，主要是分级提出重点防治的林业有害生物种类清单。当前，国家重点组织实施松材线虫病、美国白蛾、林业鼠（兔）害、薇甘菊，以及钻蛀性和新入侵的高风险有害生物防治，实施工程化治理，最大限度地压缩疫情。属于地方各级政府重点治理的林业有害生物，要严格按照属地管理的原则，纳入各级地方规划和重点治理范围，确保有虫不成灾。

在营造林等治本措施运用方面，重点是将林业有害生物防治措施纳入生态修复工程规划、造林绿化设计、森林经营方案，并将其列为主要审查指标，强化抗性种苗培育、森林经营、生物调控等治本措施的运用，并优先安排有害生物危害林木采伐指标和更新改造任务。

《国办意见》第3条提出灾害预防的措施和要求，并将其作为"三大任务"头一条，意在将今后林业有害生物防治工作变被动为主动，变救灾为防灾，把防治工作重心、重点放在预防上，最大限度地减轻灾害损失。

溯源追责　促进疫情源头管理

《国办意见》第3条要求"切实加强有害生物传播扩散源头管理，抓好产地检疫和监管，重点做好种苗产地检疫，推进应施检疫的林业植物及其产品全过程追溯监管平台建设"。

"防"是共同责任，"控"是源头责任。在"防"的过程中，发现疫情传播扩散就必须追溯源头，追究源头失控的责任。《国办意见》提出开展应施检疫的林业植物及其产品全过程追溯监管平台建设，实质内涵就是体现强化疫情源头监管，建立检疫责任追溯制度的要求。

检疫责任追溯的实质是出现问题找源头、查责任，是林业有害生物防治工作的重要一环。为此，2012年，国家林业局专门印发《关于开展植物检疫追溯工作的通知》（办造字〔2012〕117号），部署了在上海、浙江、广东、新疆、云南5省（自治区、直辖市）进行林业植物检疫追溯试点工作，探索实施检疫追溯标识的方法和经验，建立以造林绿化苗木、木质包装材料、食用林产品为主的全过程检疫责任追溯监管体系，给检疫责任追溯制度的有效执行提供准确、快捷的信息查询手段和认定依据。

《国办意见》的发布，从国家层面进一步强化了建立和执行检疫责任追溯制度的要求。《国办意见》中提出的"根据有关规定，进一步加强疫区和疫木管理，做好疫区认定、划定、发布和撤销工作，及时根除疫情"的要求，同样体现着加强疫情源头监管，建立检疫责任追溯制度的要求。

改进管理　规范植物检疫审批

《国办意见》第 3 条要求"进一步优化检疫审批程序，强化事中和事后监管，严格风险评估、产地检疫、隔离除害、种植地监管等制度"。

行政审批改革是党中央、国务院作出的重大决策，是转变政府职能的突破口，是厘清和理顺政府与市场、政府与社会之间关系的切入点。近年来，按照国务院的总体部署，国家林业局积极开展行政审批改革工作，相继取消和下放了 4 项林业有害生物防治检疫领域的行政审批事项，保留了 3 项，即普及型国外引种试种苗圃资格认定、松材线虫病疫木加工板材定点加工企业审批，以及国务院有关部门所属在京单位从国外引进林木种子、苗木检疫审批。

为依法高效地实施保留的 3 项审批事项，国家林业局以建立和完善制度为切入点，着力加强了审批工作的科学化、规范化管理，并在改进审批监管方式、强化事中事后监管、保护生态安全、提供优质公共服务、维护社会公平正义方面，开展了多项卓有成效的工作。

2013 年 8 月，国家林业局印发《关于进一步改进人造板检疫管理的通知》（林造发〔2013〕123 号），调整和改进了人造板应施检疫范围和检疫管理方式，取消了刨花板、纤维板等木质加工制品的检疫审批，促进了企业自律，为人造板产业的发展提供了更加宽松

的环境。

2013年12月，国家林业局印发《引进林木种子、苗木及其他繁殖材料检疫审批和监管规定》（林造发〔2013〕218号），提出了多项旨在创新管理方式、强化公开透明、加强事中事后监管、落实责任主体、服务社会经济发展的政策措施，有效地提高了审批管理效能和公共服务质量。《规定》要求各地建立和完善审批与监管制度，明确审批与监管责任，建立审批单位负责人为第一责任人的审批责任制。

2014年1月，国家林业局印发《松材线虫病疫区和疫木管理办法》（林造发〔2014〕10号），强调了松材线虫病疫区、疫木采伐、疫木安全利用的监督管理等方面的内容，突出对松材线虫病疫木加工板材定点企业认定工作，提出了具体的监管要求。

2014年7月，国家林业局局长赵树丛在全国推进林业改革座谈会议上，特别强调指出要规范林业植物检疫，强化重大有害生物疫区和疫源管理，防止疫情扩散。

可见，落实《国办意见》中关于加强检疫审批管理的要求，既符合我国现代林业发展大局，也是推进生态文明建设的需要。各级林业主管部门应严格按照国务院行政审批制度改革有关要求，认真开展林业有害生物防治检疫领域审批事项的清理工作，保留的审批事项要依法规范实施，下放的审批事项要做好承接和督导，确保监管工作不出空档；加强造林绿化苗木、木质包装材料、食用林产品等全过程检疫责任追溯监管体系建设，强化国内植物调运检疫、国外林木引种、隔离试种苗圃、疫木加工的审批事中事后监管；积极改进审批服务方式，提高工作效率，加大执法力度，严厉打击违法违规行为。

加强行政审批管理的关键还在于进一步创新和改进管理方式，推行网上审批。目前，我国已经建立了林业植物检疫审批服务平台。这一平台是国家林业局造林绿化管理司组织研发的集国内林业植物调运检疫审批、国外林木引种检疫审批、普及型国外引种试种苗圃资格认定、松材线虫病疫木加工板材定点加工企业审批事项为一体的综合网上办理平台，是各级防治检疫机构服务公众、面向全国的统一窗口。这个服务平台是林业系统内首个全网络化的审批服务平台，是国家林业局深化检疫审批改革、提升服务市场效率、打造服务型机关的重大成果之一，为今后高效快捷地服务市场主体、依法强化审批事中事后监管提供了强有力抓手。

定期普查为科学防治奠基

《国办意见》第3条要求"每5年组织开展一次普查"。

林业有害生物普查是一项重大的林情调查，也是一项基础性和公益性的国情调查。通过组织全国林业有害生物普查，全面查清我国林业有害生物种类、分布、危害、寄主等方面的基本情况，及时更新全国林业有害生物数据库，可为科学制定防治规划，有效开展预防和治理，维护林木资源和国土生态安全，促进生态文明建设提供全面、准确、客观的林业有害生物信息。

1979年至1983年，我国开展了新中国成立以来的第一次全国林业有害生物普查工作。这次普查的结果表明我国共有林业有害生物8000余种，其中害虫5000多种、病原物约3000种、害鼠（兔）160多种、有害植物150多种。2003年至2007年，我国开展了第二次全国林业有害生物普查，重点调查了国外入侵和国内省际传播的林业有害生物基本情况。普查结果表明，入侵我国的林业有害生物34种，自1983年以来在省际传播扩散的林业有害生物368种。2014年，我国启动了第三次全国林业有害生物普查，普查重点是可对林木、种苗等林业植物及其产品造成危害的所有病原微生物、有害昆虫、有害植物及鼠、兔、螨类等。普查成果为科学制定防治规划、有效开展预防和治理提供有力的基础支撑。

上述3次普查的间隔期均在10年以上。由于普查时间跨度长，难以及时掌握林业有害生物种类、分布、危害、寄主等动态情况，一定程度上制约了普查成果应有作用的发挥。

因此，《国办意见》强调要求"每5年组织开展一次普查"。这是我国首次明确林业有害生物的普查周期，其目的就是要缩短普查周期，进一步提高普查成果的时效性，充分发挥其重要的指导作用。3 次普查结束后，我国就可以基本建立起比较完备的全国林业有害生物数据库，同时，也为实施"每 5 年组织开展一次普查"提供了坚实基础。

今后，每 5 年一次普查都要设定普查重点，除了满足补充完善全国林业有害生物本底数据库的需求外，更多是掌握重大林业有害生物的变化动态，关注可造成危害的林业有害生物种类，并适时采取有针对性的防控措施。

为确保"每 5 年组织开展一次普查"的有效实施，《国办意见》对普查工作所需资金也提出了明确要求，即地方政府要将林业有害生物普查资金纳入财政预算，加大资金投入。

强化应急　提高灾情应对水平

《国办意见》第 4 条要求"提高应急防治能力"，强调各地区要"进一步完善突发林业有害生物灾害应急预案，加快建立科学高效的应急工作机制，制订严密规范的应急防治流程"，"建设应急防治指挥系统，组建专群结合的应急防治队伍，加强必要的应急防治设备、药剂储备"；"提高应急响应和处置能力"；"提升有害生物灾害应急处置水平"。

应急防治能力是关系国家经济社会发展全局和人民群众生命财产安全的大事，是全面落实科学发展观、构建社会主义和谐社会的重要内容。作为重要公共事件的突发林业有害生物灾害事件，其应急管理是国家公共安全的重要组成部分，构建反应灵敏、运转高效、结构完整、功能齐全、资源共享、保障有力的应急机制，全面提升灾害应急处置能力和水平尤为重要。

本条重点强调的是建立应急防治制度和应急防治队伍，旨在突出林业有害生物灾害应急事件要有令必行、有禁必止、统一号令、步调一致，信息传报要快速、准确、流畅，确保应急防治多项工作措施的及时到位；加强应急防治设施设备和药剂储备的建设，旨在提高防治物质保障能力；突出现代化技术和手段的运用，旨在提升应急防治的效能和处置水平。

创新机制推进社会化防治

《国办意见》第 7 条要求积极"推进社会化防治"。

社会化防治是适应市场经济背景下发展起来的一种防治林业有害生物的组织形式，是一种行之有效的市场化防治机制。近年来，这一机制已在我国林业有害生物防治工作中进行了有益探索和实际运用，并取得了明显成效。据统计，目前我国已建成专业防治公司、防治协会等社会化防治组织近千家，主要从事着松材线虫病、美国白蛾、薇甘菊等重大有害生物的治理工作。但与世界发达国家相比，我国的社会化防治发展水平仍处于较低的状态，属于起步阶段。

为推进社会化防治，《国办意见》将其单独成条，彰显了推进社会化防治的重要性和必要性。此条内容与政府购买防治服务政策一脉相承，其目的就是要调动社会一切积极力量，加快林业有害生物防治作业的社会化、市场化进程。

在推进社会化防治工作过程中，各级林业主管部门应重点研究制订社会化防治组织资质和从业人员资格认定制度，完善社会化防治的招投标制度、作业监理制度、防治效果评估和第三方防治成效核查评价制度；建立起政府、部门、企业、公众共同参与的社会化防治监督机制，规范社会化防治市场，畅通公众监督渠道，依法查处违约、违规行为；加强防治协会建设的指导，支持行业协会等社团组织参与林业有害生物防治工作，发挥其应有的积极作用。

安全为先　突出无公害防治

《国办意见》第 4 条要求"加大低毒低残留农药防治、生物农药防治等无公害防治技术"；第 5 条明确"鼓励林区农民建立防治互助联合体，支持开展专业化统防统治和区域化防治，引导实施无公害防治"；第 9 条明确"注重低毒低残留农药、生物农药、高效防治器

械及其运用技术的开发和研究"。

长期以来，我国主要采取以化学农药为主防治林业有害生物的方式。这一方式使用不当极易造成部分食用林产品农药残留超标，甚至污染土壤、水源等问题，直接威胁着我国食用林产品安全、环境质量安全，给我国对外经济贸易带来一定的负面影响。据统计，目前我国每年林业有害生物防治面积约 3 亿亩次，农药使用量近 3 万吨，其中，化学农药的使用量占一半以上。我国枸杞、茶叶等林产品，时有因农药残留量超标而出口受阻的情况。

因此，我国必须加快转变以化学农药为主防治林业有害生物的方式。

《国办意见》从国家层面对无公害防治提出的具体要求，必须在今后的林业有害生物防治工作中得到全面贯彻。应积极树立安全为先的理念，转变林业有害生物防治方式，大力推广迷向、生物农药（天敌）防治等绿色环保措施，有效保护水源、土壤、非标靶生物和人畜安全；加快研发推广集防害、补养、缓释等为一体的多功能防治药剂，有效减少施药次数和施药量，降低防治成本；应根据桑蚕、蜜蜂、鱼虾等养殖要求，研究提出特定区域、特定时间、特定防治对象施用除害药剂种类的负面清单；应运用科学的防治手段，调节好森林与动物、人类与自然的关系，有效维护食用林产品安全、经济贸易安全和环境质量安全。

创新技术手段　提升服务保障能力

创新技术手段是提升林业有害生物防治服务保障能力的关键因素。为此，《国办意见》提出了以下一系列明确要求：

第 4 条明确"充分利用物联网、卫星导航定位等信息化手段""航空作业防治、地面远程施药等先进技术手段的推广运用"。

第 7 条明确"支持通用航空企业拓展航空防治作业，在全国范围内合理布局航空汽油储运供应点"。

第 9 条明确"增强科技支撑能力"。

第 11 条明确"重点加强航空和地面防治设施设备、区域性应急防控指挥系统、基层监测站（点）等建设"。

创新技术手段是林业有害生物防治事业发展的源泉和取得持续成效的基本保证。林业有害生物防治工作中，必须牢固树立向科技要生产力、要成效的思想，积极转变防治思路，改进防治技术手段，推动防治工作创新发展；必须立足现有条件，将提高林业有害生物防治科技含量作为一项基础性工作抓好、抓实、抓出成效，切实加快人工、地面防治为主向利用航天、航空遥感、物联网等先进技术手段防治并重的转变。

《国办意见》在创新防治技术手段方面，重点强调了航空防治、信息化手段应用、科技支撑 3 个方面。

在航空防治方面，目前，我国开展航空防治作业的省份已超过 20 个，作业面积占防治作业总面积的 20% 以上，且呈逐年增加趋势。与地面防治方式相比，航空防治有着明显优势，体现在：一是作业效率高，省工省力速度快，有利于抓住最佳防治时期实施统一防治，可较好地解决地面防治效率低、专业化区域化统防统治滞后的问题；二是作业质量好，适用区域范围广，省药省油成本低，有利于解决深山区、密林区、偏远地等区域防治难度大、资金不足、整体防治质量不高的问题；三是可及时有效地应对大面积暴发性、突发性林业有害生物疫情，有效解决应急防治的问题。今后，我国在航空防治作业中，应积极扶持和发展专业化航空防治公司，建立和完善相关制度和准则，提高航空防治作业服务水平，大力培育航空防治市场；加快探索航空施药技术、施药效果检查检验技术，以及高山、密林等复杂区域的航空防治技术；严格执行有关规定，确保飞行安全、人畜安全和非靶标生物安全。

在信息化手段应用方面，我国已研发运用了森林病虫害防治管理信息系统、林业植物检疫管理信息系统、森林病虫害预测预报信息系统等信息化管理系统。但上述管理系统各成体系、网络化程度低，不能实现各类防治检疫管理信息互联互通和信息共享，急需整合。

此外，物联网技术、卫星导航定位等信息化手段在防治检疫行业的运用滞后，也急需加强。信息化管理是各个行业实现科学发展和现代化建设的重要工具和手段，当前，需重点整合和优化林业有害生物防治、检疫、监测等信息化资源，逐步实现林业有害生物防治信息"一张图"；需加快物联网技术、卫星导航定位等信息化手段在监测调查、检疫监管、防治作业工作等方面的推广运用，切实提高信息化手段的运用水平，全力推进防治工作的现代化。

在科技支撑方面，需要国家和地方相关科技计划（基金、专项），加大对林业有害生物成灾机理、抗性树种培育、营造林控制技术、生态修复技术、外来有害生物入侵防控技术、快速检验检测技术、空中和地面相结合的立体监测技术等基础性、前沿性和实用性技术研究和推广应用的支持力度；需加快以企业为主体、产学研协同开展防治技术创新和推广工作，着力解决快速准确检验鉴定、精准施药、生物防治等防治技术难题；需加速科技成果转化与先进技术普及，鼓励信息素等新药剂的研制，提高防治工作科技含量；需积极开展国际科技交流与合作，广泛学习借鉴国外先进防治理念，有重点有选择地引进先进技术，加快这些技术的消化吸收再创新。

支持社团组织　促进防治事业发展

《国办意见》第 3 条要求"注重发挥市场机制和行业协会的作用，促进林业经营者自律和规范经营"。第 5 条明确"支持防治行业协会、中介机构的发展，充分发挥其技术咨询、信息服务、行业自律的作用"。

李克强总理在 2013 年召开的国务院机构职能转变动员电视电话会议上明确指出，要"注意发挥和落实行业协会的作用与责任"。

社团组织是党和政府联系人民群众、连接政府和市场的桥梁和纽带，具有较强的公益性特点。林业有害生物防治作为一项公益事业，主要为社会服务，更需要社团组织的广泛参与。同时，发挥社团组织作用，促进林业有害生物防治工作的全面开展，也是我国林业有害生物防治工作多样化开展的重要组成部分。

当前，各级林业有害生物防治检疫机构需主动转变职能，按照社会主义市场经济运行规律，引导、鼓励和支持行业协会等社团组织以不同形式参与林业有害生物防治工作，切实发挥行业协会等社团组织在防治服务、防治管理方面的作用；加强防治协会等社团组织建设的指导，促使其更好地发挥应有的桥梁和纽带作用，有效提升公众参与防治工作的程度和水平。

知识链接

林业有害生物：是指危害森林、林木、荒漠植被、湿地植被、林下植物、林木种苗、木（竹）材、花卉、林产品的病、虫、鼠、兔及有害植物等有害生物。

（本文作者王祝雄为国家林业局造林绿化管理司司长；赵宇翔为国家林业局造林绿化管理司林业有害生物防治处副处长）

专 题 宣 贯

国办《意见》
专题展板宣传活动

展出地点：国家林业局主楼一楼大厅

展出时间：2014 年 11 月 4 ～ 18 日

前　言

　　林业有害生物灾害被称为"无烟的森林火灾"，可对林业资源造成严重破坏，是制约生态林业建设和影响生态文明建设的重要因素。近年来，受气候变化、物流扩大等因素影响，我国林业有害生物灾害多发频发，给国土生态安全、食用林产品安全、经济贸易安全和国家气候安全构成严重威胁。

　　党中央、国务院高度重视林业有害生物防治工作。中央领导同志多次对林业有害生物防治工作做出明确批示，国务院多次发文就松材线虫病、美国白蛾等重大林业有害生物防治工作进行专题部署。特别是2014年，国务院办公厅印发《关于进一步加强林业有害生物防治工作的意见》（国办发〔2014〕26号，以下简称《意见》），从国家层面第一次全面系统部署林业有害生物防治工作，凸显了防治工作在促进生态文明建设中的重要地位和作用。

　　国家林业局党组坚决贯彻落实党中央、国务院的决策部署，将贯彻落实国办《意见》作为当前和今后一个时期林业系统的中心工作，研究部署了一系列的贯彻落实工作。本次林业有害生物防治工作专题展板宣传活动是贯彻落实系列工作之一，目的是让广大林业工作者、社会公众了解和认识防治工作的重要性，积极参与和支持防治工作，把思想和行动统一到党中央、国务院决策部署上来，紧紧围绕国办《意见》，全力做好林业有害生物防治工作，有效保障生态林业民生林业的健康发展。

国家林业局造林绿化管理司
国 家 林 业 局 森 防 总 站
2014年11月4日

严峻形势

松材线虫病

松材线虫病严重破坏着我国的松林资源。该病被称为松树的"癌症"，染病40天即可造成松树死亡。自1982年在我国发现以来，累计致死松树6亿多株，对我国的松林资源安全构成严重威胁。

美国白蛾

美国白蛾严重危害着我国北方广大地区的阔叶树种。该虫主要取食阔叶树种的叶片，年均发生面积1100万亩。自上世纪70年代末入侵我国以来，对城乡景观、道路绿化、群众生产生活造成严重影响。

林业鼠（兔）害

森林鼠（兔）主要啃食林木根、茎、梢，造成林木死亡。目前，年均发生面积3000万亩，对我国西部地区的新植林和中幼林造成严重危害。

薇 甘 菊

薇甘菊可覆盖整个树冠，侵占整片林地，造成林木死亡，降低林分生物多样性。该草繁殖能力强，生长速度快，主要在我国广东、云南等地危害，年均成灾面积60多万亩。

严峻形势

杨树蛀干害虫

光肩星天牛等杨树蛀干害虫主要钻蛀杨树干部,造成树木死亡。该类害虫对我国泛泛分布的杨树资源危害严重,特别是对"三北"地区的防护林破坏巨大。

松毛虫

松毛虫取食松针,严重发生时可造成松林成片死亡,是我国分布最广泛的松树食叶害虫。该虫虫体附着毒毛,人体接触可引发红肿、糜烂等病症。

红火蚁

红火蚁破坏林缘地,叮咬人类,甚至造成死亡。该蚁于2004年在我国广东发现,目前已扩散到广西、云南、四川等地。

■ 红火蚁

■ 红火蚁蚁巢

■ 红火蚁叮咬人体症状

胡蜂

胡蜂蜂巢

近年来胡蜂伤人事件频发。仅2013年,在陕西省安康、商洛、汉中等市造成1856人受伤,44人死亡。

苹果蠹蛾

苹果蠹蛾主要以幼虫蛀果危害,可导致果实成熟前大量脱落和腐烂,严重影响着我国林果产业的健康发展。

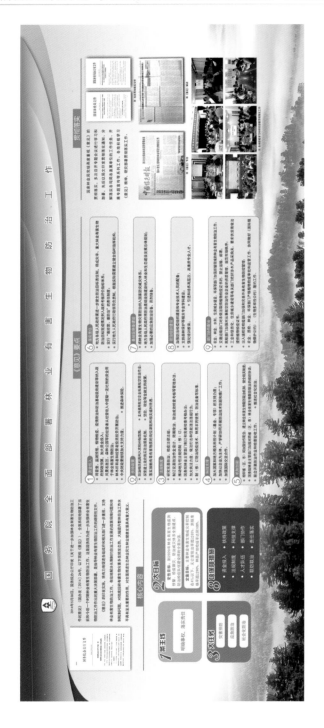

工作成效

　　"十一五"以来，林业有害生物防治工作以落实防治责任为主线，坚持"预防为主，科学治理，依法监管，强化责任"的方针，加强能力和制度建设，推进机制创新和科技创新，突出重大林业有害生物防治，全国林业有害生物防治工作取得了较为显著的成效。

　　目前，林业有害生物防治行业已初步建立了政府间和林业部门间的"双线"责任制，构建了监测预警、检疫御灾、防治减灾三大体系，创新发展了联防联治、社会化防治机制，防治责任得到初步落实，防治能力得到提高，防治水平得到提升，松材线虫病、美国白蛾等重大林业有害生物防治成效明显，全国林业有害生物严重发生危害的形势得到遏制。

法规制度

颁布《森林病虫害防治条例》、《植物检疫条例》，出台部门规章20多项，地方法规近40多部，制订国家和行业标准50多项，基本构架起以国家法规为主体、部门规章和地方法规相配套、技术标准为支撑的林业有害生物防治法规制度体系。

■ 森林病虫害防治条例　　■ 植物检疫条例

■ 国务院文件

■ 国家和行业标准　　■ 地方法规

监测预警体系

布局国家级中心测报点1000个、省级测报点1200多个，初步构建了国家、省、市、县四级监测预警体系，确保了林业有害生物疫情的及时发现，准确预报，主动预警，为科学开展防治工作提供了依据。

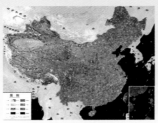

■ 1000个国家级中心测报点

■ 林业有害生物监测数据采集处理平台

■ 航空监测虫情动态

■ 太阳能诱捕器监测虫情动态

■ 会商林业有害生物发生趋势

■ 定期在中央新闻联播天气预报时段
播报林业有害生物灾害预警信息

检疫御灾体系

　　建成林业植物检疫检查站1557个，国家级无检疫对象苗圃416个。研发林业植物检疫审批服务平台，实现检疫审批的网络化办理。强化检疫执法工作，年均查处检疫违法违规案件3000多起，有效防范了林业有害生物的跨区跨境传播危害。

■ 林业植物检疫审批服务平台

■ 林业植物检疫检查站

■ 无检疫对象苗圃

■ 林业植物检疫执法车

■ 林业植物检疫检查

防治减灾体系

建设天敌繁育场和微生物制剂厂56个、应急物资储备库570多个，配备各类防治设备7万多台（套），组建应急防治专业队2800多个，切实提高了林业有害生物灾害应对能力，减少了灾害损失。

■ 天敌繁育中心

■ 防治专业队

■ 航空防治

■ 地面防治

■ 生物防治

■ 应急防治

科技支撑

推广应用低毒低残留林用农药、天敌、生物农药等无公害防治技术，以及高射程喷雾机、航空器等先进高效的防治装备，林业有害生物防治水平明显提升。

■ 松材线虫自动化分子检测仪

■ 释放天敌防治

■ 太阳能杀虫灯防治

■ 无人机施药防治

■ 灭虫粉炮施药防治

■ 国际合作

机制创新

健全区域间、部门间联防联治机制，京津冀三省、沪苏浙皖四省（市）等省际间和区县间联防联治工作取得显著成效，部门间的协作配合得到进一步加强。完善社会化防治机制，扶持和发展了防治作业公司、防治专业队、森林植物医院、防治监理公司等社会化防治组织5万多个。

■ 区县间联防联治

■ 省际间联防联治

■ 部门协作

■ 社会化防治

■ 群防群治

宣传培训

"十二五"以来，全国累计举办各类林业有害生物防治检疫培训500多次，建设防治检疫行业网站100多个，开展防治检疫专题宣传活动1000多次，较好地优化了林业有害生物防治工作氛围。

■ 社区宣传

■ 林区宣传

■ 现场培训

■ 行业网站

■ 业务培训

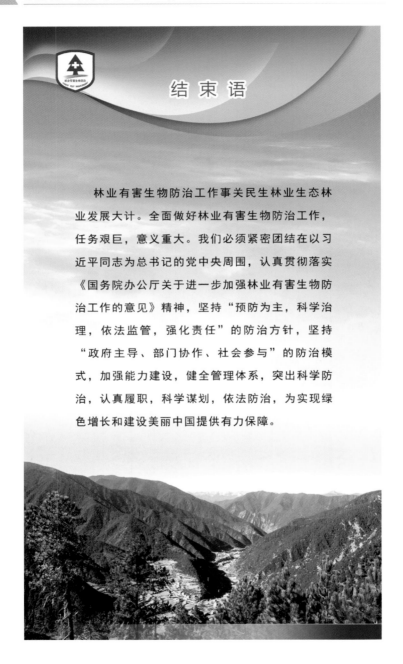

结束语

　　林业有害生物防治工作事关民生林业生态林业发展大计。全面做好林业有害生物防治工作，任务艰巨，意义重大。我们必须紧密团结在以习近平同志为总书记的党中央周围，认真贯彻落实《国务院办公厅关于进一步加强林业有害生物防治工作的意见》精神，坚持"预防为主，科学治理，依法监管，强化责任"的防治方针，坚持"政府主导、部门协作、社会参与"的防治模式，加强能力建设，健全管理体系，突出科学防治，认真履职，科学谋划，依法防治，为实现绿色增长和建设美丽中国提供有力保障。

　　国家林业局森林病虫害防治总站孙玉剑、李计顺，有关地方林业有害生物防治检疫机构的工作人员为专题展板提供了照片，在此表示衷心感谢。

国家林业局绿色大讲堂
——林业有害生物防治专题讲座

讲座地点：国家林业局机关大礼堂

讲座时间：2014 年 11 月 4 日

国内外林业有害生物
防控策略与主要技术

北京林业大学 骆有庆

主要内容

一、几个基本概念

二、国外林业有害生物发生现状

三、有关林业有害生物防治的国际组织与法律法规

四、林业发达国家的林业有害生物防治

五、我国林业有害生物发生概况

六、我国林业有害生物的控制策略与主要技术

七、对加强我国林业有害生物防治的几点建议

1

一、几个基本概念

1. 林业有害生物：影响森林（林木）正常生长与生态系统稳定性，并造成一定损失的生物（种、株（品）系或生物型）。是一相对概念。

★我国林业有害生物管理中的类群拓展：林木病虫→林木病虫鼠→林木病虫鼠草→林木病虫鼠草＋野生动物疫病WAD。

➢从有害生物原产地起源看，可分为本土的与外来的两类。

2

一、几个基本概念

2. 本地物种 Native species，或称当地物种Local species，土著物种Indigenous species；是指在其（过去或现在的）自然分布范围及扩散潜力以内的物种。

恶叶松毛虫　　　青杨脊虎天牛　　　中穴星坑小蠹

3

一、几个基本概念

3. 外来物种（外国的物种Alien/ Exotic species；或非本地的物种Non-native/ Non-indigenous species）：

➢是因人类有意或无意的行为，使其出现在原自然分布范围及主动扩散潜力以外的物种。

美国白蛾　　　红脂大小蠹　　　紫茎泽兰

4

一、几个基本概念

➢外来生物入侵 Invasion of Alien Species；对于一个特定的生态系统来说，非本地的生物通过各种方式传入后，并对生态系统、栖境、物种、人类健康带来威胁的现象。

此时的外来种就是外来入侵种Alien Invasive Species。

★注意：

➢外来物种的"外来"界限应是以原自然分布范围和主动扩散能力来定义的，这是广义的概念。

➢但目前实际管理中多是采用狭义的概念，即以国家界限来定义。

➢鉴于我国疆域广、生态地理类型多的国情，除重点防控国外入侵生物的同时，更应加强国内一些重大有害生物的扩散。

5

一、几个基本概念

光肩星天牛近15年来在国内的扩散

上天取经
上山来晚

被光肩星天牛致害致
死的三北防护林
宁夏路有虑摄1995

6

一、几个基本概念

4. 林业生物灾害：由生物因子导致的林业灾害。
  - 灾害管理客体（对象）；
  - 致灾因子：引起林业生物灾害的生物因子；
  - 孕灾环境：孕育林业生物灾害的生物与非生物环境；
  - 承灾体：受林业生物灾害影响和损害的人类社会主体。
  我国森林生物灾害管理的理论与实践经历了三个阶段：
  主要针对致灾因子—兼顾孕灾环境·灾害系统管理。

★问题：林业生物灾害的定量标准是相对的或动态的、在不同林型、林种，以及不同时期是变化的，因为管理目标和要求不同。

7

二．国外林业有害生物发生概况

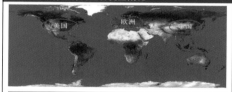

美国　欧洲

说明：汇报中有关资料以美国为主，兼顾他国，因基于以下考虑：
  - 一是地理气候带的相似性；
  - 二是相互交流和相互借鉴之处较多；
  - 三是要向有害生物防控比较先进的国家借鉴。

8

二．国外林业有害生物发生概况

总体印象

1. 林业生物灾害的发生既是自然现象，也有许多人为因素造成的，如监测不力、外来入侵种和大面积人工纯林等。严重发生也非我国独有，更非发展中国家所特有。
  - 一般来说，北半球发生比较严重，而在中南美洲、非洲和亚洲的热带雨林中通常很少暴发或报道较少。
  - 人工林中发生比天然林严重。
  - 《全球森林状况报告》（2007）：全球每年约1.04亿hm²的森林受各种森林灾害致灾因子影响，其中灾害较重的有：美国2246万ha、加拿大1423万hm²、印度940万hm²、俄罗斯591万hm²。

9

二．国外林业有害生物发生概况

2. 如何辨证看待外来生物的入侵？生物人侵是对外交流的正常"副产品"，具有必然性和长期性，是经济发达和国际交流频繁的"标志"之一！（后有评述）
3. 不同国家的代表性重大有害生物具有很强的动态性和时代性，譬如美国的入侵生物榆树荷兰病和粟疫病在上世纪上中叶是最重要的病害，现因寄主树种大多已被毁灭，成为次要病害；我国的马尾松毛虫也因林分的生态环境得到大力改善而降低了重要性。
4. 与森林火灾相比，森林火灾是"明枪"，生物灾害则是"暗箭"，即有害生物发生的隐蔽性、滞后性、持续性、反复性更强，控制难度更大。

10

二．国外林业有害生物发生概况

国际上外来种与入侵生物种类概况

欧洲
  - 外来种：12122种
  - 最严重的100种入侵生物清单中就包括我国已有分布的松材线虫、光肩星天牛、星天牛、臭椿等

http://www.europe-aliens.org/europeSummary.do#

比利时
捷克
法国
英国
意大利

欧洲各国的外来种统计

11

103

二. 国外林业有害生物发生概况

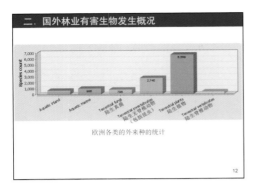

欧洲各类的外来种的统计

二. 国外林业有害生物发生概况

点人任何一个国家的地图区域，就有该国5个梯次，清晰、详细的外来种信息

二. 国外林业有害生物发生概况

美国：
- 外来种50000多种；入侵种约4300种，其中与林业相关的约400种；
- 入侵生物导致的损失：每年1200亿美元。

美国每县的林业入侵生物种类数量的地域规律

- 林业入侵生物种类在美国东北部最为集中，其次为西部。
- 这种分布模式反映了首次登陆地、生境易入侵性和入侵速度的综合结果，也体现了人类活动在导致入侵和扩散中的主导作用。

二. 国外林业有害生物发生概况

举例1：美国目前的重大林业有害生物：
- 山松大小蠹 MPB, Mountain Pine Beetle (土著)
- 红翅大小蠹 SB, Spruce Beetle (土著)
- 南方大小蠹 SPB, Southern Pine Beetle(土著)
- 栎猝死病 SOD, Sudden Oak Death (可能是外来入侵)
- 舞毒蛾 GM, Gypsy Moth (外来入侵，中国有分布)
- 白蜡窄吉丁 EAB, Emerald Ash Borer (外来入侵，中国有分布)
- 亚洲天牛（光肩星天牛）ALB, Asian Longhorned Beetle (外来入侵，中国有分布)
- 铁杉球蚜 HWA, Hemlock Woolly Adelgid (外来入侵，中国有分布)

二. 国外林业有害生物发生概况

（1）山松大小蠹 *Dendroctonus ponderosae*
- 是北美西部，从墨西哥北部到加拿大BC中部的多种松树（美国黄松、美国黑松、欧洲赤松等）的土著害虫。主要危害成熟或衰弱林分。
- 2007年，仅在Colorado, Montana, Wyoming, Oregon, Idaho, Utah 和 Washington 等州就导致400万英亩林木死亡。

二. 国外林业有害生物发生概况

山松大小蠹 在美国的发生区，2013

山松大小蠹造成北美印第安松大面积死亡
科罗拉多北部，2011

一、几个基本概念

（2）红翅大小蠹 Spruce beetle，*Dendroctonus rufipennis*

二、国外林业有害生物发生概况

2003-08-26 ・ 2005-08-23 ・ 2007-09-25 ・ 2008-09-09

怀俄明东南部北美山地云杉林中红翅大小蠹的虫灾发生过程

二、国外林业有害生物发生概况

（3）南方松大蠹 Southern Pine Beetle，*Dendroctonus frontalis*，是美国南部最具毁灭性的松林害虫，常呈周期性（6~9年）发生。1993，德州7500英亩11年生松林被南方松大蠹致死。(1英亩≈0.4公顷)

20

二、国外林业有害生物发生概况

美国本土害虫在国内的扩散

2013年发生地区

2013年，美国发现原本分布于南部的南方松大小蠹严重入侵东北部的新泽西。专家认为此害虫的大规模北移是全球气候变化的结果。

Tiffany Luehrs, December 8, 2013 http://thepotomacreporter.com/environment-2/2740 21

二、国外林业有害生物发生概况

（4）白蜡窄吉丁
Agrilus planipennis
Emerald Ash Borer（EAB）

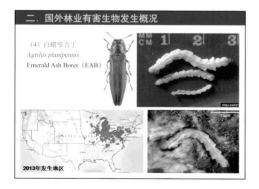

2013年发生地区

二、国外林业有害生物发生概况

白蜡窄吉丁 *Agrilus planipennis*：
➢原产亚洲（俄罗斯东部、中国北部、日本、朝鲜、韩国）。估计于上世纪90年代传入美国，在密西根是2002年首次发现。现已扩散至美国14个州和加拿大的近邻地区。
➢是北美白蜡属Fraxinus树木的毁灭性害虫，威胁整个北美白蜡属的75亿株树木，尤喜危害绿梣（洋白蜡）和黑梣。
➢至今已造成近亿株树木死亡。
➢是美国目前最具毁灭性的入侵物之一。重要性类似与美国历史上的入侵生物栗疫病和榆树荷兰病。

23

105

二．国外林业有害生物发生概况

拍摄者：Mark Charles Ann
拍摄时间：EAB入侵前的2003年

拍摄者：Larry D. Noonan
拍摄时间：EAB入侵后的2009年

★ "人是树非" ——EAB入侵前后的同一棵树
树种：绿梣（洋白蜡），green ash，Fraxinus pennsylvanica
同一地点：near Ann Arbor, MI
照片中的人：同为 Larry D. Noonan 的夫人 Sarah Noonden

24

二．国外林业有害生物发生概况

★ "街是树非" ——EAB入侵前后的同一街的行道树

Ash trees before EAB devastation --
Belvedere Dr., Toledo, OH, June 2006.

Untreated ash trees after EAB peak,
Belvedere Dr., Toledo, OH, June 2009.

25

二．国外林业有害生物发生概况

（5）舞毒蛾，Gypsy Moth Lymantria dispar。
➢据其分布和习性被分为欧洲亚种、亚洲亚种和日本亚种。
➢欧洲亚种于1869年由欧洲传入北美洲东部。

特殊问题：因舞毒蛾亚洲亚种雌虫飞行能力强于欧洲亚种，故美国认为潜在威胁更大，近年来对我国的港口检疫不断提出严格的检疫要求。

26

二．国外林业有害生物发生概况

（6）亚洲天牛（光肩星天牛）ALB, Asian Longhorned Beetle
Anoplophora glabripennis，主要原产亚洲东部，传入美国后于1996年首次在纽约发现，已成为国际性重大有害生物。

● 美国：纽约（1996），芝加哥（1998）★新泽西（2002）
● 奥地利：2001年；●法国：2003年
● 加拿大：2004年；●德国：2004年

27

二．国外林业有害生物发生概况

（7）栎猝死病 Sudden Oak Death, Phytophthora ramorum
➢1995年首次报道，病原菌原产地不详，有可能是外来种。
➢在加州和俄勒冈（欧洲也有分布），主要危害栎树。主要症状是树干溃疡和树冠枯梢，从而导致林木死亡。

二．国外林业有害生物发生概况

29

106

二．国外林业有害生物发生概况

（8）栗疫病 chestnut blight, *Cryphonectria parasitica*

● 约在1900年传入北美。到1940年，导致美国东部美洲栗树在上世纪初大规模消失。

● 美洲栗树最为感病，欧洲栗树和西亚栗树也较感病。日本栗树和中国栗树抗性较强。

二．国外林业有害生物发生概况

（9）榆树荷兰病 Dutch elm disease，DED

● 病原真菌由小蠹虫传播，认为原产地为亚洲，可能一战时传入欧洲，后进入北美。几乎毁灭了美国的榆树，因由荷兰病理学家于1921年在荷兰鉴定而得名。

● 三种病原菌：

➤*Ophiostoma ulmi*，1910年在欧洲发现后肆虐，1928年传入北美

➤*Ophiostoma himal-ulmi*，原产喜马拉雅西部

➤*Ophiostoma novo-ulmi*，致病性最强的种类。在上世纪40年代首次在欧洲和北美报道，从60年代后已几乎毁灭了欧美的榆树；起源说不清，有可能是前述两种的杂交种。此新种曾被认为起源于中国，但1986年在中国的广泛调查发现并无证据支持此说法。尽管在中国，榆树小蠹也很普遍。

二．国外林业有害生物发生概况

举例2：欧洲的2种重大林业有害生物

（1）云杉八齿小蠹，European spruce bark beetle, *Ips typographus* (L.)

➤原产欧洲，是欧洲大陆云杉上最重要的害虫

云杉八齿小蠹
Ips typographus　　　　　　　重齿小蠹
　　　　　　　　　　　　　　Ips duplicatus

欧洲云杉（*Picea abies*）天然林小蠹危害状　捷克

二．国外林业有害生物发生概况

云杉八齿小蠹 土耳其Atila 国家公园

二．国外林业有害生物发生概况

★德国毁于云杉八齿小蠹的林地

2012年11月，骆有庆摄

二．国外林业有害生物发生概况

（2）白蜡树枯梢病 Ash dieback, *Chalara fraxinea*

➤在英国，2012年首次发现，已在3个郡20多个地方发现，严重威胁到英国8000万棵白蜡树；已毁掉10万棵树。病原真菌白蜡鞘孢菌 *Chalara fraxinea*，有性世代为 *Hymenoscyphus pseudoalbidus*（2008年时认为是 *H. albidus*）。

➤之前在欧洲多个国家严重发生，被感染的树木90%死亡。

➤据研究，该病原菌在日本有分布，并被认为是原产地。

➤对我国潜在威胁极大，我国已给予高度重视，2013年发布了专门公告。

二. 国外林业有害生物发生概况

举例3. 世界性重大林业有害生物

(1) 松材线虫病 *Bursaphelenchus xylophilus*，又称松枯萎病

松材线虫的世界分布

北美（原产地）、葡萄牙、东亚（日本 台湾）

松材线虫在我国的潜在地理分布图

叶建仁教授提供

36

二. 国外林业有害生物发生概况

★(2) 松树蜂 *Sirex noctilio*

➢原产欧洲与地中海地区，近100年来已先后传入四大洲（大洋洲、非洲、南美、北美）9个国家并严重危害；
➢我国于2013年在黑龙江杜蒙首次发现。

黑龙江杜蒙

二. 国外林业有害生物发生概况

该虫是目前全球范围内最为关注的害虫之一，北美植保组织（NAPPO）和美国认定为是具有"极高风险"的入侵生物。

据国外报道：

(1) 危害各类针叶树，特别是松树Pinus。
(2) 人工林和天然林均可入侵，衰弱和健康树木均可危害，入侵后导致的林木死亡率很高，可达80%以上。
(3) 携带并传播一类称为淀粉韧革菌的共生菌（本身也是松树病原真菌，并具毒素腺，在产卵时同时注射一种植物性毒素，加剧林木衰弱和枯死。
  （"三毒合一"：钻蛀性害虫+兼林木病原的共生菌+植物毒素）
(4) 具有孤雌生殖能力，提高了扩散后定殖的可能性；

38

二. 国外林业有害生物发生概况

松树蜂目前在我国的发现地

黑龙江鹤岗樟子松人工林中的松树蜂危害状

目前，松树蜂在我国的发生与防控：

➢防控管理：赵局长和水利副局长高度重视，第一时间做出批示；造林司应急处置迅速高效，科技司立即立项研究! 说明了应急机制的成熟!
➢发生区：除内蒙古和吉林的个别点，集中在黑龙江省。已发现的入侵地主要沿交通干道（线）。
➢危害树种：仅发现自然危害樟子松（落叶松、红松和云杉未发现受害），鹤岗峻德林场30多年生樟子松人工林中，林木致死率很高。
➢潜在重要寄主树种：油松

二. 国外林业有害生物发生概况

松树蜂亭钻蛀性害虫在黑龙江鹤岗严重危害状 2014 骆有庆摄

松树蜂的羽化孔

40

二. 国外林业有害生物发生概况

★●特例：新西兰——"一树立林"。大面积的外来树种辐射松人工林健康状况良好，得益于异常严格的检疫措施和集约经营。
●从美国加州引进的辐射松，约占人工林的90%。人工林年平均生长量为25～30m³/hm²

辐射松人工林 新西兰 2013年11月 骆有庆摄

108

三．有关林业有害生物防治的国际组织与法律法规

1. 有关林业有害生物防治的国际与区域组织

★ ●联合国粮食及农业组织 FAO, *Food and Agriculture Organization of the United Nations*，1945年成立，下设有林业司 Forestry Department 和有害生物综合治理IPM项目；

●联合国环境规划署UNEP, *United Nations Environment Programme*, 1973年成立，下设有 气候与清洁空气联合会CCAC, *Climate and Clean Air Coalition*;

●联合国开发计划署UNDP, *United Nations Development Programme*, 1965年成立；

★ ●全球入侵物种计划（全球入侵物种规划署）GISP, *Global Invasive Species Programe*, 1997年建立，是专门应对生物入侵的国际组织。

42

三．有关林业有害生物防治的国际组织与法律法规

●国际自然保护联盟 IUCN, *International Union for Conservation of Nature and Natural Resources*，下设有入侵种专家组 ISSG(*Invasive Species Specialist Group*) 和 物种生存委员会 SSC(*Species Survival Commission*);

★ ●国际农业和生物科学研究中心 CABI, *Centre Agriculture Bioscience International Programme*;总部在英国

●全球环境基金 GEF, *Global Environment Facility*，是一国际环境金融机构；

●国际植物保护科学协会 IAPPS, *International Association for the Plant Protection Sciences*

43

三．有关林业有害生物防治的国际组织与法律法规

★ ●欧洲和地中海地区植物保护组织 EPPO, *European and Mediterranean Plant Protection Organization*

★ ●北美洲植物保护组织 NAPPO, *North American Plant Protection Organization*

●亚洲太平洋地区植物保护委员会 APPPC, *Asia and Pacific Plant Protection Commission*

●安第斯共同体

●南锥体植物卫生委员会

●加勒比地区植物保护委员会

●非洲植物检疫委员会

●区域国际农业卫生组织

●太平洋植物保护组织

●近东植物保护组织

44

三．有关林业有害生物防治的国际组织与法律法规

2. 有关林业有害生物防治的国际法规和标准

★ （1）目前尚无专门的有关林业有害生物的专门国际法律文件，主要体现在与林业有害生物有关的国际法律文件之中，如《国际植物保护公约》IPPC, *International Plant Protection Convention*, 建立于1952年。

https://www.ippc.int/

45

三．有关林业有害生物防治的国际组织与法律法规

（2）由于林业生物灾害多半都与外来生物入侵有关，因而许多与生物入侵相关的国际法律文件也是有关林业有害生物国际法规体系的一部分，如

★ ●WTO 《实施卫生与植物卫生措施协议》，通常简称《SPS协议》*Agreement on the Application of Sanitary and Phytosanitary Measures*。

●《国际自然保护联盟预防外来入侵物种所造成的生物多样性丧失指南》（*IUCN Guidelines for the prevention of Biodiversity Loss Caused by Alien Invasive Species*)

46

三．有关林业有害生物防治的国际组织与法律法规

（3）由于森林是陆地生态环境的主体之一，提高其生态系统稳定性是防控林业有害生物的有效手段，一些与生态环境有关的国际公约也成为林业有害生物管理体系的重要组成部分，如

●《生物多样性公约》CBD，*Convention on Biological Diversity*, 1993年12月29日生效

●《湿地公约》（全名是"关于特别是作为水禽栖息地的国际重要湿地公约"）；Ramsar Convention (全称：The Convention on Wetlands of International Importance, especially as Waterfowl Habitat)，公约于1971年在伊朗小城Ramsar签订，故又称拉姆萨尔公约，1975年生效。

47

三．有关林业有害生物防治的国际组织与法律法规

（4）相关国际标准
总体上讲，因区域和国情不同，以及关注度和可操作性相异，有关具体防治技术方面的标准大都是推荐性的，但有关检疫方面则一般为约束性的，如：
★●IPPC 制定发布了一系列《国际植物检疫措施标准》International Standards for Phytosanitary Measures (ISPMs)，从1995-2009共发布了32个，其中第15号为：
《国际贸易中木质包装材料管理准则》Guidelines for Regulating Wood Packing Material in International Trade (2002年发布，2009年修订)；受光肩星天牛入侵北美、欧洲后导致的影响所推动)

48

四．林业发达国家林业有害生物防治

1．代表性国家的林业有害生物管理体制的简介

以美国、日本、德国和新西兰为例。主要特点：
①国家层面是由农林、出入境植物检疫和环境保护等相关管理部门负责，但形式多样。
②立法先行，执法严格，相关管理活动均有完备的立法依据。并且制修有时，以欧盟植物检疫对象名单为例，1977-2000年的23年间，就大小修订39次。
③十分重视外来入侵生物的防控。

49

四．林业发达国家林业有害生物防治

日本

主要由农林水产省主体管理：
➤林野厅：主要负责本土有害生物和已入侵定殖的外来有害生物防治，其职能类似于我国的SFA。
➤各口岸的植物防疫所：主要负责IAS的检疫处理工作；
对进境检疫的管理特点：有一个不太关注或认为无须采取检疫措施的"负面清单"，对不包括在此清单内的种类，随时可结合实际情况开展风险评估并采取特殊处理措施，灵活度较大。

50

四．林业发达国家林业有害生物防治

新西兰

主要由第一产业部负责：
➤林业局：其职能类似于我国的SFA；
➤生物安全署：侧重外来入侵生物的防范等。
对进境检疫的管理特点：有一包括808种的植物检疫性有害生物清单（与我国类似，但数量远多于我国进境植物检疫对象435种）。

51

四．林业发达国家林业有害生物防治

德国

➤主要由联邦食品、农业及消费者保护部负责，下属部门职责分工类似于日本和新西兰。
➤对进境检疫的管理特点：按欧盟列出的动植物检疫对象名单执行（类似我国）。其中植物检疫名录分6大类，涉及有害生物、植物、植物产品及栽培介质等多达351种（类）（2002年）。

52

四．林业发达国家林业有害生物防治

2．美国的林业有害生物管理
（1）有害生物管理的主要机构

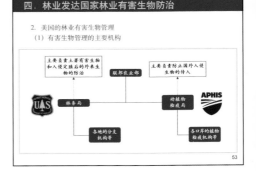

53

四．林业发达国家林业有害生物防治

- ●联邦农业部林务局FS主要负责技术支持和资金配套，具体工作依靠州和地方部门实施。
- ●USDA-FS下设森林健康保护处Forest Health Protection, FHP（类似于我国的造林绿化管理司防治处），总部在华盛顿，在全国各地建有25个FHP办公室（其中国有林集中的俄勒冈和加州就占10个）；共有250名森保专业各类技术人员。
- ●FS在全国设有9个区域性机构，也配有森保专业技术人员。

- ●FHP总部办公室National Office：
- ➢国家政策
- ➢向国会的年度报告
- ➢对区域的资金拨款
- ➢一些技术支撑

> 类似于我国的林业有害生物年度发生趋势分析报告

54

四．林业发达国家林业有害生物防治

森林健康保护处FHP的主要项目：

- ✓森林健康监测 Forest Health Monitoring，FHM，设在北卡。依据地面标准地调查、航空监测，以及其它数据，每年定量分析全国森林的健康状况。
- ✓技术开发：有两个森林保健技术支持机构Forest Health Technology Enterprise Team，FHTET（1995年建立），分设在科罗拉多（侧重信息技术）和西弗吉尼亚（侧重防治技术）；
- ✓森林健康管理 Forest Health Management；
- ✓农药使用管理 Pesticide Use Management

- ●各州和国有林主管部门负责
- ➢大多数的监测和调查项目
- ➢负责地面防治

四．林业发达国家林业有害生物防治

美国的国有林分布

56

四．林业发达国家林业有害生物防治

57

四．林业发达国家林业有害生物防治

- ●美国有关林业有害生物防治管理机构的设置特点

① 依据事权划分和分层管理的机制比较清晰，如联邦FS主要负责国有林的有害生物管理，各州FS主要进行属地管理，各级FS均有对私有林有害生物防治提供技术支持的义务；

② 根据需要面设，自成垂直管理体系，不是按政府管理部门层层设置，故管理的针对性和高效性比较强；

③ 此外，特别注重科普方式的社会宣传，提高公众意识，这对重大外来入侵生物的及时发现极有好处。

58

四．林业发达国家林业有害生物防治

59

111

四．林业发达国家林业有害生物防治

● 美国有关林业有害生物防治的经费投入渠道
原则是联邦政府与地方政府分担，与我国类似！

> 农业部林务局依据成本共担的原则，通常给各州的有害生物调查和监测提供一半的所需经费。
> 对于特殊的重大有害生物，林务局也给有关州提供一些专项经费支持，用于防治、预防、公众宣传等。
> 对于突然暴发的有害生物，林务局下的森林保健计划也有专项储备金予以应急。
> 农业部林务局也给国家公园局、土地管理局、鱼类和野生动物局，以及国防部所属联邦土地上的林业有害生物防控提供少量经费。

60

四．林业发达国家林业有害生物防治

● 美国有关林业有害生物防治管理机制

对于检疫性有害生物的管理

> USDA-APHIS有一个针对不同产品类别（如木材、水果、种苗、花卉等）的检疫操作手册，包括美国主要关注的有害生物清单，但一般不公开，随时可结合实际情况开展风险评估并采取特殊处理措施，灵活度较大（与我国有区别）。
> APHIS不负责国内土著有害生物的检疫，FS也无权发布全国性检疫对象。但在国有林中，FS可采取限制相关有害生物扩散的一些举措（与我国有差别）。
> 各州也有各自的检疫性有害生物名单，包括联邦规定的有关种类和各州自行确定的种类（与我国类似）。
> 依据法律，对于检疫性有害生物侵染的树木清理，政府不提供专门经费补偿。

61

四．林业发达国家林业有害生物防治

(2) 有害生物的主要研究机构

● 农业部下的研究局RS、APHIS和相关大学。
● FS下设有森林研究与发展处Research and Development该处下有一森林病虫害研究办公室Forest Insect and Disease Office，统筹FS系统内的林业有害生物研究；
● 在全国建有5个区域研究站，也从森林与草地健康和利用的研究，特别是重大入侵生物防控。
● 各研究站设有若干实验室，多与相关大学开展紧密型合作研究。

62

四．林业发达国家林业有害生物防治

★ 美国林务局下设的5个区域性研究站布局——类似我国CAF的有关所

63

四．林业发达国家林业有害生物防治

(3) 有害生物的防治策略与主要技术

● 防治策略
> 以预防和监测为主，应急防治为辅；
> 从对象上看，突出对入侵生物的防控；
> 从防治技术看，强调无公害治理。
● 法制体系
> 1947年颁布《森林有害生物防治法》（Forest Pest Control Act）。
> 1948年颁布《联邦杀虫剂、杀真菌剂和灭鼠剂法案》（Federal Insecticide, Fungicide and Rodenticide Act），1996年修订。
> 1992年，颁布《森林生态系统健康与恢复法》（Forest Ecosystem Health and Recovery Act），提出了一系森林生态系统健康经营与监测活动，1993年开始实施森林保健计划（Forest Health Protection program）。

64

四．林业发达国家林业有害生物防治

● 预防和监测
> 对优先种类：联邦与州林务局联合开展深入的预警和社会意识项目。
> 年度调查：区域尺度的森林健康采用航天遥感技术，针对一般有害生物调查主要是航空调查方式（每年3.5亿英亩，并均有技术标准和指南）；对特殊重大害虫（如白蜡窄吉丁和光肩星天牛），开展信息素诱捕和地面调查。
> 灾情信息管理：在全国、各州和重大害虫种类三个层面发布不同的、定性与定量相结合、既醒目又清晰的灾情分析报告。

http://fhm.fs.fed.us/dm/index.shtml　融合3S技术的航空监测与调查

65

112

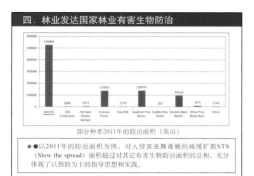

部分种类2011年的防治面积（英亩）

★●以2011年的防治面积为例，对入侵害虫舞毒蛾的减缓扩散STS（Slow the spread）面积超过对其它有害生物防治面积的总和，充分体现了以预防为主的指导思想和实践。

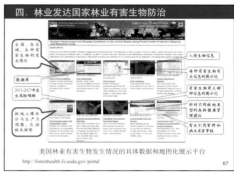

美国林业有害生物发生情况的具体数据和地图化展示平台

http://foresthealth.fs.usda.gov/portal   67

FS-FHTET在网络上发布的系统、精细化的林业有害生物数据库

http://foresthealth.fs.usda.gov/portal/Flex/FPC   68

2013年美国林木死亡率等级分布图   69

★国家尺度：美国2011年森林健康监测图

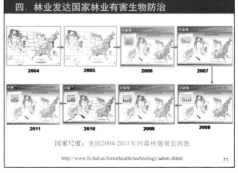

国家尺度：美国2004-2011年间森林健康监测图

http://www.fs.fed.us/foresthealth/technology/adsm.shtml   71

113

四．林业发达国家林业有害生物防治

★各州尺度：阿拉斯加州2011年森林健康航空监测飞行路线示意图

72

四．林业发达国家林业有害生物防治

各州尺度：阿拉斯加州2011年森林健康航空监测结果
示不同生物灾害发生区域

73

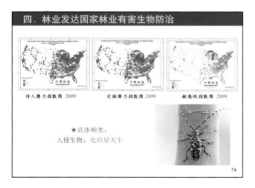

四．林业发达国家林业有害生物防治

传入潜力指数图 2009　　定殖潜力指数图 2009　　敏感性指数图 2009

★具体种类：
入侵生物：光肩星天牛

74

四．林业发达国家林业有害生物防治

以县为单位的入侵风险等级　　　　全国的入侵风险等级
（分六个等级，包括已入侵区）2012

★具体种类：
入侵生物：白蜡窄吉丁

75

四．林业发达国家林业有害生物防治

南方松大小蠹危险性指数图

具体种类：
土著害虫：南方松大小蠹

76

四．林业发达国家林业有害生物防治

2013-2027年全国有害生物导致
的树木死亡率风险预测图
http://foresthealth.fs.usda.gov/nidrm

四．林业发达国家林业有害生物防治

病害

外来入侵生物

小蠹

食叶害虫

2013-2027年全国几类有害生物导致的树木死亡率风险预测图

基本规律：钻蛀性害虫和病害主要在西部；而入侵生物和食叶害虫主要在东北部

http://foresthealth.fs.usda.gov/nidrm/   78

四．林业发达国家林业有害生物防治

防治技术
➢依具体种类而定，但也主要包括：
 ●化学防治
 ●生物防治
 ●营林技术
 ●如在特殊情况下应急使用化学杀虫剂，不论空航或地面喷洒，在使用前均须按照环境保护法进行环境影响评估。
➢并非所有受害林分均能得到治理，主要针对优先种类
➢技术措施分为预防prevention、抑制suppression或防治control。

总之，上述各类技术在我国的研究和实践都不少，技术水平相当。但美国的特点是在实际工作中做的比较务实、细致、严谨，很注重实际防控效果的客观评价，很少设定量的预定指标。

79

四．林业发达国家林业有害生物防治

及时监测并块状皆伐控制虫源地（南方松大小蠹），可减少85%以上的损失。砍伐后由直升飞机吊运出虫害木，但成本很高！

80

四．林业发达国家林业有害生物防治

总之，美国的林业有害生物防控的主要特点：
①管理机制：依据事权划分的分层管理的机制比较清晰；自成垂直管理体系，按害而治、重点突出，体现了管理的针对性和高效性；因同一区域的管理对象相似，建立了有效的区域协同机制；灾情或疫情的社会透明度与公众参与度很高。
②防治策略：以森林健康为目标，将其纳入造林与营林的各个环节；切实以预防和监测为主，应急治治为辅；非常强调无公害治理；突出入侵生物等重大种类，对本土有害生物的容忍度较高，如清理大面积虫害木时，也考虑对木材价格的影响等因素。

81

四．林业发达国家林业有害生物防治

③监测预警：特别倚重重航空遥感调查，并有相应的技术标准和指南支撑；信息素产品的商品化率和稳定性较强，灾情信息管理与发布方面层次分明、定性与定量、短期与长期结合、宏观与微观交互、醒目又清晰。
④防治技术：采取的措施比较务实、细致、严谨，很注重实际防治效果的客观评价，较少设定量的预定指标。
注：上述两方面，政府购买社会化服务的程度较高。

82

五．我国森林有害生物发生概况

1．森林有害生物发生和损失

1950-2010年全国森林病虫鼠害发生面积变化曲线

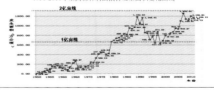

➢2007年以来，我国林业有害生物每年发生面积在1160万hm²以上，年均造成损失超过1100亿元，发生面积和损失远大于森林火灾（1988-2011年，全国年均森林火灾受害面积8.5万hm²），当然，两类灾害的性质不同。

五．我国森林有害生物发生概况

我国是林业有害生物发生、危害最为严重的国家之一

➢据统计，我国林业有害生物有8000余种。
● 2003年，首次发布"林业危险性有害生物名单"，共233种；
● 2013年，再次发布"林业危险性有害生物名单"，共190种，后又增加2种，即新发现的入侵生物松树蜂和椰子织蛾。
➢据统计，我国重要林业入侵生物已达38种（其中害虫27种，病原微生物5种，有害植物6种）
● 2000年以来发现的林业入侵种类达13种，几乎每年新增1种。

84

五．我国森林有害生物发生概况

2．我国森林有害生物发生严重的主要原因

① 从自然原因看，人工林自然抵御有害生物的能力低，这是科学共识，但人工林面积快速增加是必然，因为我国要发展森林资源与改善生态环境，主要途径只能是发展人工林，这是国情与林情所决定的，这是中国林业发展中的特色问题。
② 从统计范围看，关注种类从重点扩展一般，新纳入统计的森林类型增加（如西部地区灌木林），并且统计标准从低到高，这是重视与发展的标志。
③ 从应对能力看，监测与预警能力仍相对低下，应急性被动防治居多，预防措施偏少，此乃亟待提高之处。

85

五．我国森林有害生物发生概况

2．我国森林有害生物发生严重的主要原因

④ 从科技支撑能力看，总体上不是很强，主要体现在一些研究成果的实用性、可操作性不强，防治效果评价的客观性不够（共性问题），也亟待提高。
⑤ 从经济损失增量看，主因是社会公众对林业生态服务价值认识的提升，是林业地位得到提高的体现。
⑥ 此外，还有全球气候变化、国际贸易频繁等客观因素，以及投入不足、法律法规的制修后、人才队伍素质不高等主观原因。

86

五．我国森林有害生物发生概况

人工纯林   天然（多树种）混交林

森林生态系统树种多样性与稳定性关系示意图

87

五．我国森林有害生物发生概况

3．我国森林有害生物发生的主要特点
目前，重大生物灾害基本发生在人工林，主要特点：

① 国外重要有害生物传入威胁剧增；
② 历史性重大有害生物仍不时局部严重发生；
③ 国内一些重大有害生物分布区不断扩大；
④ 一些原次要性有害生物变成重要威胁；
⑤ 经济林有害生物发生日益严重；
⑥ 三北地区灌木林有害生物严重发生；
⑦ 鼠兔害变成重要生物灾害；

88

五．我国森林有害生物发生概况

（1）国外重要有害生物传入威胁剧增

我国在不同阶段主要林业入侵生物的累积种数
（其中，1978年后26种）

89

五．我国森林有害生物发生概况

五．我国森林有害生物发生概况

我国38种主要林业入侵生物的首次发现省份统计

林业外来入侵生物首次发现地的区域性规律
- 从国际上看——美国，欧洲等居多（*前已述*）
- 从中国看——沿海一带较集中
- 从沿海一带看——广东最多（10种）

五．我国森林有害生物发生概况

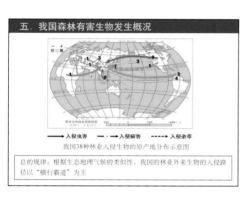

→ 入侵虫害　- - → 入侵病害　---- 入侵杂草

我国38种林业入侵生物的原产地分布示意图

总的规律：根据生态地理气候的类似性，我国的林业外来生物的入侵路径以"横行霸道"为主

五．我国森林有害生物发生概况

我国林业检疫性有害生物种类与数量的特点

➢ 列入检疫性的种类数量逐渐减少，不断突出外来入侵生物。

- 1984年，原林业部第一次发布的有20种，其中约1/4为外来入侵生物；
- 1996年，原林业部第二次发布的共35种，其中约1/4为外来入侵生物；
- 2004年，国家林业局第三次发布的共19种，其中一半为外来入侵生物，后又陆续增加4种外来入侵生物；
- 2013年，国家林业局第四次发布的种类共14种，其中13种为外来入侵生物。

这体现了综合处理植物检疫与经济发展的关系。

五．我国森林有害生物发生概况

（2）历史性重大有害生物仍不时局部严重发生

油松毛虫导致油松人工林
大面积死亡
辽宁建平，张连生提供

落叶松毛虫和钻蛀性害虫协同危害导致大面积松林枯死
内蒙古阿尔山，2004，骆有庆摄

五．我国森林有害生物发生概况

（3）国内一些重大有害生物分布区不断扩大

光肩星天牛入侵新疆

新疆焉耆者，骆有庆摄

96

五．我国森林有害生物发生概况

桦树　　杨树

光肩星天牛入侵
黑龙江哈尔滨

骆有庆摄

复叶槭

97

入侵地-宁夏

原产地-北京

臭椿沟眶象
与原产地华北地区相比，在入侵地
宁夏，危害特性发生重要变化，可严
重危害根部，控制难度更大。

98

五．我国森林有害生物发生概况

（4）一些原次要性有害生物变成重要威胁

青杨脊虎天牛 *Xylotrechus rusticus* 严重危害杨树人工林 黑龙江，骆有庆摄

99

五．我国森林有害生物发生概况

★（5）经济林有害生物发生日益严重

黄脊竹蝗 *Ceracris kiangsu*　　广东广宁 丛生林 2004（黄焕华提供）

湖南桃江 毛竹林 2004（黄焕华提供）

100

五．我国森林有害生物发生概况

油茶炭疽病

周国英提供

101

118

五．我国森林有害生物发生概况

（6）三北地区灌木林有害生物发生严重

沙棘木蠹蛾危害造成大片沙棘林枯死
（2002，辽宁建平），骆有庆摄

五．我国森林有害生物发生概况

健康的沙蒿灌丛

多种钻蛀性害虫严重危害导致大面积沙蒿灌丛枯死，宁夏，骆有庆摄

103

五．我国森林有害生物发生概况

（7）林木鼠兔害变成重要生物灾害

甘肃盼鼠，岩菲摄

危害林木的野兔

韩崇选提供

五．我国森林有害生物发生概况

4. 我国林业有害生物发生趋势分析

　　基于林业有害生物发生的隐蔽性、潜伏性、连续性和反复性，防控任务必然具有长期性和复杂性。
　　①发生面积：短期内仍将会有增加。因为人工林面积将持续增加，并且宜造林地的立地条件更为低下，*我国政府已向国际社会承诺：中国2020年森林面积比2005年增加4000万hm^2*。
　　②有害生物类别：危险性外来生物的入侵将会加剧，因国际贸易与交流将不断加强和频繁，特别是我国的木材需求对外依存度很高，同时，目前的进口原木未能在口岸得到全部、及时、有效的检疫处理。
　　③新的关注点：*经济林和荒漠灌木林的生物灾害将变得日益受重视；同时，因生态环境变化（如全球气候）所导致的生物灾害更受关注*。为切实保障生态林业与民生林业的健康发展，有害生物防控任务将更加艰巨！

106

六．我国林业有害生物的控制策略与主要技术

1. 以往的林业有害生物防控主要策略

　　策略是行动的指南，大致按时序的代表性控制策略有：
　　●综合防治（Integrated Control, IC）：理论基础是"消灭哲学"（Philosophy of eradication）；
　　●化学防治（Chemical Control, CC）：以二战时DDT的合成与广为应用为标志，抗药性、残留和再猖獗的弊端呈现；
　　●综合治理(Integrated Pest Management, IPM)：上世纪70年代后，引入了经济阈值的概念，理论基础是"容忍哲学"（Containment Philosophy）；
　　●可持续控制(Sustainable Pest Management, SPM)：生态学和经济学相结合原则指导下的"调控"，理论基础是"协调共存"，技术基础是IPM、RPM及EPM的综合。

107

六．我国林业有害生物的控制策略与主要技术

● 森林健康 Forest Health：

➢ 是美国近十多年来在森林经营管理实践中的一种新理念。

➢ 影响森林健康的主要威胁有：有害生物（包括外来入侵的）、火灾、生物多样性减少、大气污染、湿地退化和其它生态环境变化（如全球气候）。

森林健康与有害生物防治的关系：

★ 森林健康是总体经营目标，不完全等同于林业有害生物防治，但有害生物防控是维持森林健康的主导因素。

108

六．我国林业有害生物的控制策略与主要技术

★ 2.林业有害生物的生态调控策略

背景：以往的防治策略基本上是借鉴农业的，未考虑或体现森林生态系统的特色与优势

（1）森林生物灾害调控的优劣势

➢ 优势

● "3性"：丰富的物种多样性、结构复杂性和时空稳定性；

● 类型多样化（水平与垂直）；

● 对生物灾害具有独特的自我调控和补偿能力，特别是延时补偿机制（自我恢复能力强）。

➢ 劣势

● 树种配置不合理的人工林分结构一旦构建就难改变。

109

森林的垂直分布带 西藏工布江达，骆有庆摄
Vertical distribution strip of forest, Gongbujiangda,Tibet

马尾松纯林被入侵生物——
松材线虫致死后更新为

阔叶树为主的次生混交林 浙江定海　　针阔混交林 浙江富阳

上为浙江森防站提供，下为骆有庆摄

111

六．我国林业有害生物的控制策略与主要技术

（2）林业有害生物成灾的本质原因辨析

➢ 何谓"林业有害生物"？从生态学角度，除外来入侵生物外，所谓的有害生物，本身就是时空稳定性很强的森林生态系统的有机组成部分。

➢ 成灾原因的归类？ 本质是生态系统结构与功能关系的失衡

✓ 可有效抑制其种群增长的主要生物和非生物因子或环节失控（主要是在天然林中）

✓ 或人为无意识地提供了极有利于其种群增长的条件（主要是在树种单一的人工林中）

✓ 或人为无意识地将外来有害生物引入了新生境，使在原生境自然抑制种群增长的因子缺失（不论是在天然林或在人工林）

112

六．我国林业有害生物的控制策略与主要技术

（3）生态调控的界定和核心

生态调控的界定：从生态系统结构与功能的关系出发，辨析生物灾害的成因；针对人为可控的成灾主因，以持效的生态措施有效控制灾害的发生。

生态调控的核心：从"点状调控"上升为"网状调控"，即从单纯有害生物到"四位一体"调控。

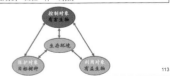

113

六．我国林业有害生物的控制策略与主要技术

（4）生态调控的主要环节：

① 以有害生物种群动态监测与预警为基础

② 从林木—害虫—天敌—其它环境因子相互作用与制约的关系出发，综合辨析灾害成因

③ 解析若干成灾主因，明确为可调控的成灾主因并属哪个层次（如生态系统／群落／种群）？

④ 比较并确定人为可控的关键措施之持效性和可行性，采取不同调控层次的主导措施和辅助措施

114

六．我国林业有害生物的控制策略与主要技术

（5）监测体系的尺度与关键技术

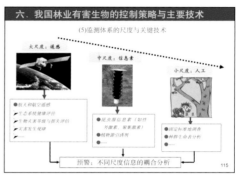

预警：不同尺度信息的耦合分析

115

六．我国林业有害生物的控制策略与主要技术

国内外遥感监测技术评价★

➢国外：林业发达国家技术相对较成熟，监测精度较高，尤其在美国、加拿大，航空遥感应用广泛；

➢国内：开展了一定研究，但因空域管理严格，航空遥感应用较少。

➢优势：面广效益高、客观性强，便于不同时段比较，可有效地揭示灾害发生规律。

➢共性不足：一般意义上讲，航天遥感的实时性较差，直接判别有害生物种类与种群密度较难，尤其是在多种有害生物同时发生并且受到非生物因素（如干旱）干扰时。但在特定林分、特定时段是完全可行的，因为主要树种和有害生物的已知性很强。

116

六．我国林业有害生物的控制策略与主要技术

国内外昆虫信息素监测技术评价

■ 国外：尤其北美，主要针对小蠹、天牛、舞毒蛾等，多为性诱剂，商品化率和标准化率较高。
■ 国内：研究与应用很多，技术水平也不低，如：
➢以昆虫性信息素为主：多种松毛虫、木蠹蛾、透翅蛾、美国白蛾等；
➢以昆虫聚集激素为主：多种小蠹等；
➢以植物源诱剂为主：多种天牛以及舞毒蛾等；
国内外共同点：
➢均开发了很多害虫种类的信息素诱剂，商品化率较高。
➢主要应用于诱杀；但在监测上定性多定量少，主要用于监测有害生物的有无和发生期，缺乏林间实际发生量监测的若干定量参数，如诱捕量与林分中实际虫口密度的关系、诱捕的时空效果、诱捕器的合理布设参数等，影响定量监测和实际防治效果的准确评价。

117

六．我国林业有害生物的控制策略与主要技术

沙棘人工林中的沙棘木蠹蛾灾害

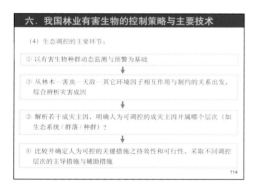

辽宁建平，2002，骆有庆摄

118

六．我国林业有害生物的控制策略与主要技术

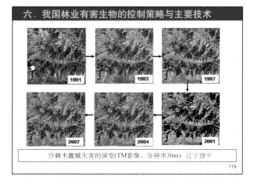

沙棘木蠹蛾灾害的演变(TM影像，分辨率30m) 辽宁建平

119

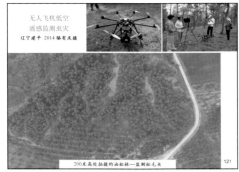

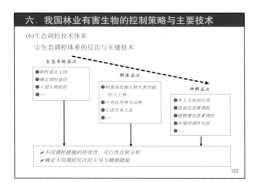

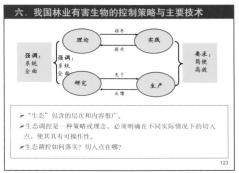

七．对加强我国林业有害生物防治的几点建议

《国务院办公厅关于进一步加强林业有害生物防治工作的意见》国办发〔2014〕26号的发布是林业有害生物防治的里程碑和难得的发展机遇，为落实好该重要文件的精神，提出如下主要建议：

126

七．对加强我国林业有害生物防治的几点建议

（一）行业外部

进一步加强与质检、农业、环保等部门合作。

1. 建立较完备的法规与标准体系，"依法治害"。加快修订《森林病虫害防治条例》《植物检疫条例》，制定《外来入侵种防控法》等法律法规；同时，林业部门要加快高质量防控技术标准的制定与真正应用。

2. 建立新的特殊管理机制，适应林权体制改革之需。如：
   ➤探索重大林业有害生物疫情应急除治政策，特别是疫情和疫木的应急清除；
   ➤积极推进森林综合保险的试点。

3. 更加突出外来生物入侵管理，尤其是与农业部共管的入侵种防控。

127

七．对加强我国林业有害生物防治的几点建议

（二）行业内部

1. 珍视林业的特色与优势，以促进森林健康为核心，实施生态调控策略，切实将有害生物防控纳入林业生产全过程。

2. 快速提升以"3S"技术、无人机技术和昆虫信息素技术为核心的监测预警体系与技术水平。"预测灵，不预则废"，对大多数有害生物的防控，其难点不在"如何防治"，而在"如何早知"。我国的监测与检疫组织体系已较健全，信息技术支撑也较强，关键是不断提高测报信息的准确度和利用率，实现方式可向美国引进、消化吸收并提高。

128

七．对加强我国林业有害生物防治的几点建议

（二）行业内部

3. 重点加强无公害防治技术，特别是在涉及食品的经济林有害生物防治中；在强化生物防治的同时，要客观地评价其持续控灾效果，但目前尚无法完全排除应急状态下的化学防治。

4. 依据入侵生物不同种类的风险等级和控制难度，完善分级管理机制。如风险等级较低或在老疫区已不再可能彻底清除的种类，可享受"国民待遇"，即采取防控本土种类的策略（在国内检疫性对象的确定中已体现）。

129

七．对加强我国林业有害生物防治的几点建议

5. 大力探索和推进新的林业有害生物防控机制，如：
● 重塑林业有害生物防治检疫体系的功能定位与运行体系；
   ➤防治检疫机构主要负责检疫、预报预警和质量监管，而部分监测与林间防治功能可通过政府购买社会化服务的方式实现，从而切实改变"运动员与裁判员一体化"的模式；
   ➤可在地方政府重视、技术支撑较强，财力比较雄厚的省份加大试点力度，并建立导向机制和扶持政策；
   ➤建立社会化防治企业的资质论定，准入评估与淘汰机制。
● 按生态地理和重大有害生物的相似性，完善与提高区域协同防控和交流机制。已有一些类似探索，如京津冀美国白蛾防控等。
● 探索横向（同一区域内省区间）互评与考核制。在强化纵向考核的基础上，完善各级政府及有关部门防控目标责任制的考核机制。

130

七．对加强我国林业有害生物防治的几点建议

（三）能力建设

1. 基于林业有害生物防治专业性很强的特点，积极探索适度的防治检疫行业专业人才的准入机制，并着力提高现有基层技术人员的业务水平（森保本科专业1997年停办，2013年恢复）。

2. 进一步强化科技创新和科技支撑。
   ①加强与非林业主管部门的协同创新，尤其在有关有害生物防治的重点实验室、工程中心、技术创新联盟建设等方面。
   ②进一步加强林业有害生物防控重大基础理论与应用技术的研究。

131

后 记

　　贯彻落实《国务院办公厅关于进一步加强林业有害生物防治工作的意见》（以下简称《意见》）是一项长期性、持续性的工作。本书中编印的国家林业局贯彻落实国办《意见》的系列成果，既是对当前贯彻落实工作的回顾和总结，也是对全国林业系统深入学习、全面落实《意见》提出的新要求。

　　加强林业有害生物防治，事关林业治理体系和治理能力的现代化，事关改善生态改善民生的国家战略大局。本书编印的文件、宣贯材料，是全国林业工作者特别是林业有害生物防治工作者智慧的凝聚。学习本书编印的内容，可以使我们更加深入领会、更加自觉贯彻《意见》提出的各项任务措施。在今后的工作中，我们要坚持用国办《意见》统一思想，指导和推进林业有害生物防治工作，为保护国土生态安全，发展生态林业民生林业，建设生态文明和美丽中国作出新的更大贡献。

　　国家林业局造林绿化管理司王祝雄、王剑波、赵宇翔、邱爽、李国栋、刘建、袁菲等同志参与了本书的编印工作。

编 者
2015 年 3 月